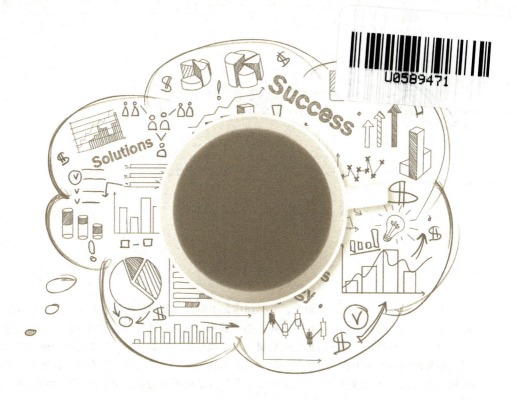

结构思考力

用思维导图

来规划你的学习与生活

慕课版

曾啸波 李忠秋 编著／姚奇富 审

人民邮电出版社

北　京

图书在版编目（CIP）数据

结构思考力：用思维导图来规划你的学习与生活：慕课版 / 曾啸波，李忠秋编著. -- 北京：人民邮电出版社，2017.3

ISBN 978-7-115-44770-8

Ⅰ. ①结… Ⅱ. ①曾… ②李… Ⅲ. ①思维方法 Ⅳ. ①B804

中国版本图书馆CIP数据核字(2017)第026736号

内 容 提 要

本书以培养学生的结构思考力，训练结构化思维，用结构化的思考方法来分析与解决问题为主要目的，介绍了包括思维导图在内的一系列帮助自身进行结构化思考的工具与模型。

全书突出应用，分为学习篇、生活篇、社交篇与职场篇共 4 篇 11 章内容。每一章节所讨论的问题均为大学生在求学期间接触到的各类典型案例。通过学习在不同场景案例下使用结构思考力来分析和解决问题，读者可以全面掌握结构思考力在不同层面、不同场合下的应用。

为帮助学生更好地学习，随书配备了完整的慕课课程。

本书内容全面，语言轻松，不仅适合作为高等院校学生学习结构思考力和思维导图工具的教材，也可以为那些希望提高自身结构思考力的相关人员提供参考。

◆ 编　著　曾啸波 李忠秋
　　审　　　姚奇富

　　责任编辑　王　威
　　执行编辑　古显义
　　责任印制　焦志炜

◆ 人民邮电出版社出版发行　　北京市丰台区成寿寺路 11 号
　　邮编　100164　电子邮件　315@ptpress.com.cn
　　网址　https://www.ptpress.com.cn
　　涿州市般润文化传播有限公司印刷

◆ 开本：700×1000　1/16
　　印张：11.5　　　　　　　2017 年 3 月第 1 版
　　字数：189 千字　　　　　2025 年 9 月河北第 19 次印刷

定价：49.80 元

读者服务热线：(010)81055256　印装质量热线：(010)81055316
反盗版热线：(010)81055315

前言

随着互联网技术的发展与普及，特别是在学生群体中的广泛使用，信息的获取与传播变得异常方便。我们每天可以从不同渠道接收大量的推送信息，然而当我们于不知不觉中沉浸在这些被动式的轻松阅读里时，碎片化时间被占满，碎片化的阅读让我们自我感觉很充实，我们似乎忘记了自己还会思考。本书的编写旨在尝试让学生在信息的海洋中逐渐发挥自身的主观能动性，利用一系列工具来帮助自己提高结构思考力，训练结构化思维，使自己从单纯的信息接收者转变为信息的加工者，逐渐形成自主分析问题的习惯，使自己的学习、生活效率得到提高。

本书从大学生求学期间在学习、生活、社交与职场4个方面挑选了大量可能遇到的问题，运用结构思考力给出了解决方案。读者在阅读本书时，可以根据自身的实际情况，边学习边结合书中给出的方法与步骤，尝试解决自己的问题。本书具有以下3个特点。

1. **适合大学生及初入职场的人士学习结构思考力**。在思维的世界里，人们通过结构来认识事物，认识事物的规律和美。而我们大学生包括初入职场的新人，如何提高认识世界的能力，就需要培养结构思考力。首先，需要了解的是金字塔原理，它是源于麦肯锡的分析师芭芭拉·明托在工作中形成的一套具备层次性、结构化的思考和沟通技术，这种技术被广泛用于现代商务环境。然而，由于其描述较为专业，主要针对的人群为具备一定工作经验的商务人士，因此，对于缺乏实际工作经历的大学生群体及初入职场的人士，深入理解并快速应用该原理会有些困难。而本书则从大学生的视角出发，采用贴近此类人群的案例与情景来讲解结构化思维，可以使得这部分读者尽快掌握金字塔原理并在自身所处的环境中及时应用所学，为将来更深入学习金字塔原理及在更正式的商务环境中运用结构思考力打下基础。

2. 运用工具与模型来帮助训练使用结构思考力。学习一种思维方式同学习数理化知识不同，思维方式是比较抽象的概念，不知不觉中，会让学习者产生"虚无缥缈"的感觉。因此，通常在学习结构思考力时，训练思维要将人隐性的思考过程显性化，贴近实际的案例必不可少。对此商务人士有学习方面的优势，因为他们对于商务的案例更熟悉，更有认同感。而年轻的学生群体及刚离开校园的人士，对于学习新工具与模型则较商务人士有更大的动力，他们仍然保留着学习的惯性。本书采用了大量的工具与模型来使得"虚"的思维学习变为"实"的工具学习。通过大量、不断地使用工具，使学习者逐步形成运用结构思考力的习惯。这是一种潜移默化的学习。本书以大幅篇幅介绍了思维导图的应用，同时也介绍了甘特图、鱼骨图、层次分析法等不同的分析模型，以此帮助读者实现结构化的思考过程。

3. 配套视频讲解具体操作，便于学习。本书配备了丰富的视频学习资料，每一节都有一段视频供读者收看学习，同时也配套了一些练习题供读者操作以便熟练。对于已经习惯利用"碎片化"时间学习的读者而言，通过观看短小精悍的视频来学习是个很不错的选择。

本书的编写与出版得到了秋叶等互联网教育大咖的大力帮助与支持。同时也感谢上海杉达学院各级领导与同事在本书编写过程中的关心与理解。此外，本书的编写与出版受到了上海杉达学院教材建设项目的资助。

由于作者水平有限，书中难免存在不足与纰漏之处，敬请广大读者不吝指正。欢迎大家将意见与建议发送到邮箱：zengxiaobo1984@foxmail.com。我将在适当时机予以改进。

曾啸波

2016年10月

导读

不确定的时代，唯有学会独立思考！

结构思考力学院创始人 李忠秋

01
标准答案在社会上可施展的空间越来越小

第二次世界大战时期美国军方曾委托著名的心理学家桂尔福，编制了一套选拔飞行员的心理测验。然而，通过测验的飞行员在训练时成绩都很好，但到了战场上被击落率却非常高。而那些战绩比较好的飞行员，多半是由经验丰富的老飞行员挑选出来的。

于是桂尔福就去观摩一位老飞行员的面试。

第一个飞行员进来，老飞行员问："如果德国人发现你的飞机，用高射炮向你攻击，你怎么办？"第一个飞行员答道："把飞机飞到更高的高度。"这是《作战手册》中的标准答案。

第二个飞行员进来还是同样的问题，结果他根本记不清《作战手册》中的标准答案，只是凭着自己的理解说了几个随机应变的答案。

结果老飞行员选了第二个飞行员，理由是：我们的标准答案，德国人也知道，对方一定会故意在低的地方打一炮，然后集中火力在高处等着你。

跟《作战手册》的"标准答案"难以在战场上胜出一样，我们在高校的新生和刚毕业走向社会的大学生身上，也观察到了类似的现象。很多高中时代学习成绩非常优异的学生，刚到大学反而挫败连连；很多大学里如鱼得水的毕业生，步入社会以后却屡屡碰壁。原因就在于高中时代我们更多学会的是掌握标准答案、应对考试获得高分的能力。但进入大学和进入职场后，衡量"优秀"的标准突然发生了变化，在职场中没有人给你出题，即使有人出题也没有标准答案，尤其在这个经济、科技等高速发展的时代，仅有循规蹈矩的标准答案在社会上可施展的空间变得更小。因此，在这个不确定的时代，需要你具备发现问题、分析问题和解决问题的能力——思考力！

02
不确定的时代，借助结构思考力脱颖而出

结构思考力是这个时代所有人的必备技能。在这个科技日新月异，几乎每天都在发生着迅速变化的时代，对于个人独立思考能力的需求是空前的，我们每个人几乎每时每刻都在面临着思考和决策。

结构思考力是开展所有工作的基础，如下面的场景很常见。

下属对领导说："领导，最近技术部说有几个项目不得不延期，还有刚才客户打电话询问解决方案的设计进展，另外，我看到……对了，张总建议最近要开一次产品创新会，如果……可能……"听了半天对方也不知道他究竟要说什么！

究其原因是他们在传递信息时没有构建一个有效的结构。

如果没有结构，我们的思维就很容易从一点漂到另一点，却总也无法得出一个有效结论。

没有结构，事情就会变得非常复杂，让人瞻前顾后、犹豫不决。

没有结构，问题就会像洪水一样试图一股脑儿地冲进你的脑海中，难以把握问题的关键。

结构思考力可以帮助我们构建一个结构，在表达核心观点的基础上，有理有据、条理分明地证明这个观点，使我们能够做到清晰思考和有力表达。

在过去的几年里，我将结构思考力这一理念，通过培训课程的方式传递给了百余家500强企业，覆盖了包括中高层管理者、骨干员工等数万名职场人士，并出版了《结构思考力》《透过结构看世界》等职场畅销书。这些学员和读者给我的反馈是："结构思考力不仅是组织全员需要必备的技能，更应该是全民需要提升的素质。"因为无论你是企业家、管理者还是一般员工，都需要

把事情想清楚、说明白并能够令人信服。

03
结构思考力跟大学生的学习生活息息相关

结构思考力作为一种解决问题的思维工具，它所适用的范围不仅仅只限于在职场中解决商业问题，这种思维同样是大学生急需提升的核心能力，在我们思考、学习、写作、表达等方面都起着非常重要的作用，帮助我们成为适应未来需求的善思、善学、善写、善讲的优秀人才。

类别	具备结构思考力	不具备结构思考力
思考	迅速抓住主要矛盾，忙而不乱应付任何问题	瞻前顾后，难以割舍，犹豫不决
学习	快速搭建知识架构，学习系统而全面	知识零散不成体系，不会学以致用
写作	主题明确，结构严谨，层次清晰	找不到重点，大量文字和数字堆砌，结构混乱
表达	语言准确，思路清晰，能快速总结说话要点	很难把想要表达的思想在短时间内表达清楚

以"思考"为例，结构思考力可以帮助我们抓住问题的主要矛盾，从而快速理出重点，果敢且科学地做出决策。

如秋叶大叔在《轻松学会独立思考》一书中曾经提过这样一个案例："小芳是一名大四的学生，她看到同学们都纷纷开始准备实习或者考研，陷入了思考：'考研？就业？我也必须行动起来。但是我该考研还是该就业呢？我不太想读研究生，这样我是不是也要找个单位实习一下，那样我就要花很多时间去准备简历了。要不我问一下别人的意见……哎，我不考研真的好吗？'

这样的场景是不是很熟悉，关于一个问题瞻前顾后，想了很多理由，也想了很久，却依然没有想出答案，核心的问题就在于没有"思考结构"就会被越来越多的信息或事实所包围和困扰，难以决策和行动。关于要不要实习，秋叶大叔在书中给出了如下这样一个"思考结构"。

我的优势（strength）	我的劣势（weakness）
有能力完成大四学业 性格外向愿意接触社会	缺乏实习工作需要的职场能力 没有实习工作的经验
我的机会（opportunity）	我的威胁（threats）
大四有大量空余时间 有大量企业提供实习机会	找到的实习单位和就业方向可能不匹配 实习可能占据大量时间，耽误自己的考研复习计划

　　这个"思考结构"叫SWOT分析，有了这个结构小芳就更容易做出决定，结构思考力可以让我们在思考时变得更有条理，从而可以快速分析问题、解决问题，并得出结论。

　　除了思考以外，结构思考力在大学生的学习、写作、表达方面也非常有价值。例如，学习方面，可以运用结构思考力搭建出本学科的知识结构，并不断从整体的角度完善自己的知识结构；写作方面，在进行毕业设计或论文撰写的时候，如果能够运用结构思考力的方法对课题进行分析，就可以避免研究过程中出现的思路不清以及逻辑混乱；表达方面，可以运用结构思考力做思路分析、整理所要表达的内容，让表达时思维严谨而清晰，言之有物等。

04
结构思考力强调"先总后分"的思考模式

　　结构思考力是指以结构的视角从多个侧面全面而清晰地、强调"先总后分"地分析事物的一种方法。运用结构思考力看待事物时，首先看到的是一个问题的几个方面，强调的是"先总后分"，从而把握事物的关键本质与问题的关键，就如同古诗中提到的"不识庐山真面目，只缘身在此山中"，想要全面清晰地审视事务和问题，需要从总体到局部的鸟瞰，而不是拘泥于细节。

　　我们一起来思考这样一个问题："如何能够将200ml的水装进100ml的杯子里？"找答案之前要先分析一下水会流出来的原因：第一类原因是杯子本身，如太小或没有张力；第二类原因是外部环境，如有地球引力；第三类原因是水本身，如它是液体会流动。杯子、外部环境、水这三个维度就可以理解为分析这个问题的一个结构，不但把问题想全面了，而且还分析得很清楚。

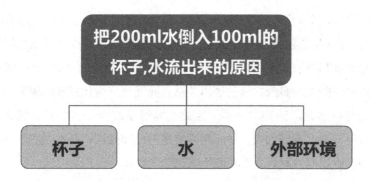

如果你从这三个方面分析，会发现很容易找到多种答案。例如，针对杯子方面的解决方案是换大杯子或换一个有张力的杯子。从外部环境角度分析，可以把水和杯子拿到太空上去。还有一个角度就是水本身，我们把它从液体变为固体冻成冰就可以解决了。所以，这就是一个简单运用结构思考力分析问题的过程。

结构思考力常用的工具有金字塔结构图、思维导图等。

金字塔结构图源于芭芭拉·明托的《金字塔原理》一书。纵向结构上，每一组的观点都必须是其下一个层次观点的概括；横向结构上，每组各个观点互不重叠且有一定的逻辑顺序。这就构成了一个严谨的结构。通过这样的方式，我们在思考时，就可以在大量复杂的信息中，用最短的时间明确方向、锁定需要的信息。我们在沟通问题的时候，就可以让听众迅速抓住我们要表达的主旨，帮助听众沿着我们的思路去理解内容，提高沟通的效率和效果。

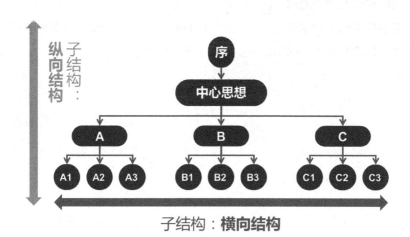

思维导图是英国人东尼·博赞发明。博赞思维导图主要强调放射性思维，

而本书的思维导图则更强调结构化思维。虽然发散性思维与结构化思维都呈现出从中心向四周层层发散的思考形式，但本质却有很大不同，博赞思维导图的发散性思维比较主张自由发散联想——围绕一个思维原点想到什么就写上什么，不太要求概念与概念之间的逻辑关系；而强调结构化思维的思维导图，则关注概念与概念之间的逻辑关系。因此，博赞思维导图的绘制更随意，更自由，可天马行空，不受约束，学起来更容易但比较浅层；而本书的思维导图绘制更严谨，更规范，更强调思考和理解问题的深度。

本书在以结构思考力的实用工具"思维导图"为核心进行展开。在帮助大家掌握这种"先总后分"的、强调先框架后细节、先总结后具体、先结论后原因、先重要后次要的思考模式的基础上，分别从学习篇、生活篇、社交篇和职场篇等跟大家息息相关的四大方面，教大家如何运用思维导图更好地进行思考。

总结

在这样一个信息爆炸的时代，随着技术的变革，知识和信息的获取开始变得越来越简单，传统的教育则过度强调知识的重要性，而知识的增多并不一定会提升个人解决问题的能力。在重知识、轻思维的教育体系下，必然造成很多人面临问题时思绪混乱。本书作为国内第一本结构思考力专业领域的专业教材，具有非常大的历史意义。

希望更多的大学生朋友，可以运用结构思考力学会清晰、全面地审视生活与工作，你会发现自己的视野会变得与众不同！

李忠秋

2016年11月

导 论　　　　　　　　　1

学习篇

生活篇

社交篇

职场篇

导论

什么是结构思考力

"结构思考力"的概念源于美国著名的管理咨询公司麦肯锡公司。该公司的资深咨询顾问芭芭拉·明托在麦肯锡培训其他咨询顾问如何撰写复杂的咨询报告、研究性文章及演示文稿时，采用了一种叫作"金字塔式"的结构，获得了极大的成功。

所谓金字塔结构，其本质是一项层次性、结构化的思考与沟通技术，可以用于结构化的写作与表达过程。它的基本结构如图0-1所示。

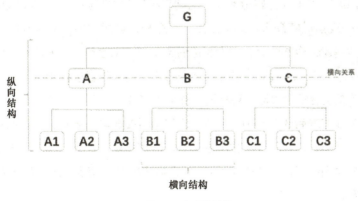

图0-1　金字塔结构

金字塔结构首先提出结论或主题思想（图中用G表示），其主要的结构由两部分构成，分别为纵向结构与横向结构。在纵向结构上，每一组的观点都是对其下一层次观点的概括或总结，比方说，A是对A1、A2、A3的概括，G是对A、B、C的概括。横向结构上，每组各个观点互不重叠且有一定的逻辑顺序。比方说，A1、A2、A3三个观点呈现并列结构，那么A观点的论证就囊括了对三个并列观点的论证。又比方说，B1、B2、B3三个观点呈递进结构，依次对于这三个递进观点的论证最终将使得B观点得证。而横向结构上除了并列、递进这些常见的逻辑结构以外，还有许多其他的分类方法，我们在本书的学习中将会不断地遇到。

金字塔结构拥有横向和纵向两种思维结构，当我们在使用结构化思维时，既要运用横向结构总体分析问题，又要运用纵向结构对某些方面的内容进行深入分析。所谓结构化思维就是需要将两种思维方式结合起来，先要在横向结构上对问题的主体有个认识，然后再根据轻重缓急对横向结构中的要点进行深入分析。可以说，结构化思维是一种立体化的思维。

从图0-1可以看出，金字塔结构是一个逻辑严谨的结构。以这样的方式思考问题，就能帮助我们在纷繁复杂的信息当中，用最短的时间明确方向、锁定最重要的信息。我们在沟通问题的时候，就可以让听众迅速抓住我们要表达的主旨，帮助听众沿着我们的思路去理解内容，提高沟通的效率和效果。比方说，当我们在一场汇报的开始时，可以仅向听众传达报告的主题G，接下去我们可以简单地把A、B、C这三个构成主题G的观点向听众传达。当听众向你表示了对该话题的兴趣，且愿意多花点时间来听你的讲解后，你又可以接着A、B、C每一个观点继续深入地向听众阐述和分析。如果对方没有足够的时间来听你进一步阐述，也不要紧，因为表达清楚A、B、C之后，对方已经对你要传达的主题G有了初步的认识。这种金字塔式自上而下的表达，使得人与人之间传递信息的渠道变得更灵活、更畅通，并且更有效。

我们在本书的后续章节中，并不会直接地讲授金字塔结构，但在每一个案例场景的应用中，你都不知不觉地在运用该结构解决一系列的问题。慢慢习惯在你的日常学习和工作中使用这种立体化的结构思维，将帮助你大大提高工作和学习效率。

什么是思维导图

思维导图又叫心智图，是一种表达发散性思维的有效图形化思维工具，它简单却又极其有效，是一种革命性的思维工具。思维导图最早是由英国心理学家托尼·博赞于20世纪70年代发明和提出，是指一种有效使用大脑的思考方法。他在研究人类学习和思维的本质过程中，发现大脑的每个细胞及大脑的各种思维技巧如果能协同运用，将会比分开工作时效率更高。同时，他还受到欧洲文艺复兴时期的天才科学家、发明家、画家达·芬奇做笔记的启发，不断研究记忆技巧、理解力、创意思考等科学。在研究过程中，他逐步形成了发散性思考和思维导图的概念。

1974年《启动大脑》一书出版后，"思维导图"的概念被首次介绍给大众读者。发散性思考是人类大脑的自然思考方式，进入大脑的每一条信息，每一种感觉、记忆或思想，包括每一个词汇、数字、代码都可以作为一个中心球体表现出来，从这个中心球体可以发散出成千上万的联想，每个联想又都有其自身无限的连接及联系。而思维导图就是进入大脑发散性思考方式的一种途径。

思维导图利用文字、色彩、图画、图标等多种形式从多角度来展现思维图谱，使人们关注焦点集中于中央主题或图形上，增强了记忆效果，也能使制图者产生无限联想，使思维更具有创造性。思维导图运用"图文并重"的技巧，把各级主题的关系用相互隶属与相关的层级图表现出来（见图0-2），把主题关键词与图像、颜色等建立记忆连接。充分运用左、右脑的机能，利用记忆、阅读、思维的规律，协助人们在科学与艺术、逻辑与抽象之间平衡发展，从而开发人类大脑的无限潜能。

图0-2　思维导图样式

　　思维导图的概念被提出后，它就受到了人们的高度重视。特别是进入21世纪以后，思维导图的丰富内涵和结构化特征引起了教育工作者的广泛关注，并在教育领域得到广泛应用。例如，思维导图可以用于记笔记、知识管理、个人思考、写作、创造性思维培养等。同时，在一些国家（如澳大利亚、美国和日本等），思维导图还被应用于创意的发散与收敛（头脑风暴）及项目企划、问题解决与分析、会议管理等各个商务方面，思维导图能够大幅度降低上述事项完成所需耗费的时间，对绩效的提升产生了令人无法忽视的功效。

　　在本书的后续章节中，在绝大部分案例场景下我们都将使用思维导图来解决问题。我们可以发现，思维导图的应用已经远远超出它一开始的促进记忆和联想的作用，它真正起到了激发大脑潜能、模拟大脑思维过程以及思维可视化的作用。

结构化思维与思维导图的关系

　　从上述关于结构化思维和思维导图的描述来看，结构化思维更注重规则与逻辑，讲究多维度的思考，呈现一种体系化；思维导图更注重激发大脑的潜力，讲究思维的创造，呈现一种发散化。

　　从应用层面上来讲，结构化思维用在商务层面较多，经常用来高效表达、传递思想等；思维导图用在学龄前或者是基础教育阶段，经常用来激发孩子们的创意和想法。主要原因是，商务层面的成年人大多思维已有定势，且商务人士所处的行业各有不同，大家接受的教育程度、教育背景都不一样，况且商务环境又以效率为先，因此人们更看重的是大家互相交流的顺畅度。而中小学乃至学龄前的青少年和儿童则处在思维活跃的阶段，奇思妙想往往层出不穷，这个年龄段的学习大家更看重的是思维的发散。

而大学这4年，不仅仅是简单的从高中过渡到职场的4年，大学生普遍既具备了中学生那种充满想象、好奇与发散的思维，同时又兼具较为成熟、逻辑清晰的结构思维。因此，在大学阶段同时学习结构化的思维和思维导图，可以在发散思维尚未褪去、定势思维尚未形成时，把两者融合起来。而思维导图本身在商务层面的广泛运用也证明了，发散思维的层级体系也能应用在结构思维的层级体系上，两者的表现形式是类似的。

本书并没有过多地涉及结构化思维与思维导图的理论部分。第一个原因自然是本人才疏学浅，对这两门学问掌握不够；第二个原因是遵循了现在的教育导向，曾经的教学是以知识为主导的知识权威时代，之后经历了以技能与能力为导向的能力权威时代，而将来的教育应该是帮助学生学会如何处理未知问题的时代。因此本书通过一个个不同场景下结构化思维与思维导图的应用来向读者传递这样的思想——结构化思维在很多情况下其实挺有用的。如果你在学习时，能经常思考并且举一反三，想想这些方法还能应用在哪些场景下，那么本书的目的就达到了。

学习篇

本篇主要介绍大学生在学习阶段最重要且接触最广泛的4个场景：日常学习技巧，制订学习计划，毕业论文撰写和在当前大学生中最值得提倡的创新精神与创业实践。通过讲解在这4个场景下思维导图的具体应用，来帮助我们掌握如何使用结构化思维和思维导图提高学习效率。

读者可以边看书边拿出草稿纸手绘一下书中介绍的导图，来加深自身的理解。

第一章

极客书生

本章主要讲解思维导图软件MindManager[1]的使用。大家可以通过学习使用软件来对思维导图建立一个初步的印象。这一章几乎不涉及结构化思维的理论，所以读者可以抱着非常轻松的心态来阅读。建议读者打开计算机，一边看书一边在软件上操作练习。不必苛求掌握软件的所有功能，只是通过初步的学习，对软件的主要功能有所了解即可。更多的功能是在日常使用时，慢慢学习和积累提高的。

1　关于MindManager的下载、安装、界面简介与基本软件配置等，可参考慕课课程。

第一节
学习笔记

大学期末考试前夕，有一件东西是最抢手的，那就是学霸们的课堂笔记，传说上面记载着和期末考题极其相似的内容。而这段时间大学里大大小小的复印店，往往被学生们挤得水泄不通。其实，课堂笔记是一件非常私人化的东西，使用别人的笔记来复习，未必能取得较好的成绩。

很多人对笔记的认识有着非常严重的误区。实际上，记笔记的作用更多地体现在记录和整理的过程上，而并非最后成品的笔记上。笔记可以帮助我们记录下课堂中的学习要点，而整理笔记可以帮助我们回顾课堂重点，提炼精华部分，真正化作自身的知识，甚至可以得到更深刻的感悟。记笔记其实是一个完整的学习过程，单单复印出的笔记，由于自己缺乏前面的学习、提炼与思考的过程，作用就大打折扣了。

从结构上讲，完整记笔记的过程其实可以分成3个部分，分别是记录、整理和回忆。下面我们介绍一种常用的笔记法——5R笔记法。

5R笔记法

5R笔记法，又叫作康奈尔笔记法，是用发明这种笔记法的大学命名的。这一方法几乎适用于任何一种讲授或者阅读课程。具体使用可以分为如下5个步骤。

1. 记录（Record）。在听讲和阅读过程中，把能记下来的一些概念、论据等自己认为重要且有意义的内容，尽可能多地记录下来。

2. 简化（Reduce）。下课以后，尽量在20分钟以内，把刚才记录的概念、论据以简要的形式再次记录。

3. 背诵（Recite）。在8小时内（通常是晚上复习时），不看记录的内容，仅凭简化部分的记录，尽量完整地叙述出整个课堂的记录。

4. **思考（Reflect）**。背诵后，将自己的听课随感、意见、体会或者引申的遐想等内容写下来。

5. **复习（Review）**。每周花5～10分钟的时间，快速复习笔记，主要是看简化部分，适当地查阅完整记录部分。

5R笔记法包含两个非常重要的信息。第一，笔记过程的结构。它分成了3个部分，分别为记录、整理和回忆。第二，这个过程背后的科学依据，其实是德国心理学家提出的艾宾浩斯遗忘曲线。

艾宾浩斯在经过大量研究后描述了人类大脑对新事物遗忘的规律，即遗忘在学习之后立即开始，而且遗忘的进程并不是均匀的。最初遗忘速度很快，以后逐渐缓慢。观察曲线（见图1-1），我们可以发现，学得的知识在一天后，如不抓紧复习，就只剩下原来的33.7%了，而一周之后，则仅剩25%左右。随着时间的推移，遗忘的速度减慢，遗忘的数量也就减少。

因此，5R笔记法中的简化、背诵与复习环节都在一定程度上减缓了遗忘的时间。而思考部分的发散思维过程，本质上也是再记忆的过程。

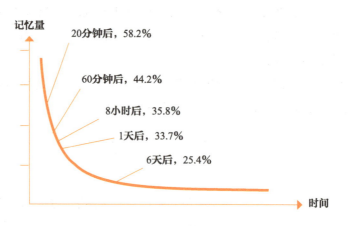

图1-1　艾宾浩斯遗忘曲线

利用MindManager做笔记

纸质笔记有一个很大的缺点是不利于保存。大学生涯有4年，如果有的同学继续学习攻读硕士研究生和博士研究生，可能还要在4年基础上增加几年学习生涯。毕业参加工作后，无论是工作还是个人需要，平常也会阅读较多的资料。如此一来，累积的笔记就会很多，如果遇到搬家，这种取舍的心情大家一定能体会得到。

另一个主要的缺陷是，纸质笔记不容易搜索。例如，你在本科时候学习了初级统计学，而在研究生阶段需要学习更高级的统计学，而高级统计学的一个概念在初级统计学中曾经提到过，想要找到当时记录的那条笔记就要经历好几个步骤。首先，在一大堆大学笔记中，翻出来当时的初级统计学笔记；其次在这本笔记里再找到那条记录，如此一来，在这些无谓的事情中耗时冗长，就不利于集中注意力学习。

而使用计算机则可以很方便地解决保存和搜索的问题。思维导图软件MindManager就可以帮助你很好地实现5R笔记。

当我们新建好一张导图时候（见图1-2），我们可以看到中间是中心主题，点击该主题，可以直接输入中心主题的名字。通常，主题的取名应该遵循简明扼要的标准。在做课堂笔记时，可以选取该节课的主题作为中心主题。

图1-2　输入中心主题

当输入中心主题后，我们可以在选中该中心主题的基础上，按快捷键"Insert"，插入子主题。根据5R笔记法的原则，我们插入5个一级子主题，分别命名为"记录""简化""背诵""思考"和"复习"。操作方法是在完成输入"记录"子主题后，并选中该子主题的情况下，按快捷键"Enter"输入与之平行的主题（见图1-3）。

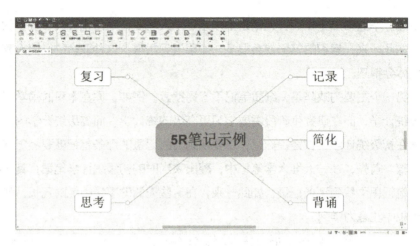

图1-3　插入一级子主题

如果觉得这样的发散式导图看着不习惯，可以通过选择"设计"选项卡中的"对象格式"功能区的"布局"命令来修改导图样式。我们可以选择"右向导图"来改变样式（见图1-4）。

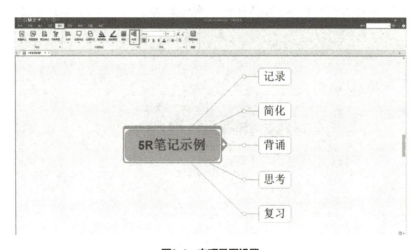

图1-4　右项导图设置

现在我们就有了5R笔记的基本导图式框架了。我们大可不必在上课时打开笔记本电脑，一边听课一边打字做记录。事实上，我们提倡在做原始记录时，仍然使用最原始的纸和笔。因为这样既方便快捷，也更容易使我们的注意力集中在"记录"上，而不是如何操作软件上。

当然由于在背诵和复习时，可能会用到记录的原始笔记，因此可以考虑扫描纸质的笔记为图片格式文件，并把课堂教学过程录音形成MP3文件，以附件形式保存在"记录"子主题内。这在智能手机广泛使用的今天，是非常容易实现的。

插入附件的具体操作方法如下，鼠标单击选中"记录"，选择"插入"选项卡下"主题元素"功能区的"附件"，在下拉菜单中选择"添加附件"。或者直接按快捷键"Ctrl+Shift+H"来添加附件。当添加完附件后，在"记录"子主题后，会出现了一个附件的记号（见图1-5），代表该主题含有附件。读该导图的人，如需要查询更详细的信息，可以选中相应的附件打开查看。

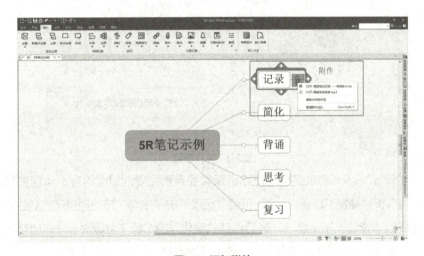

图1-5　添加附件

完成"记录"子主题后，接下来根据5R笔记法的原则，就该在20分钟后，进行简化笔记的工作。这一步的作用是从原始完整的记录中提炼出重点的内容。操作步骤是在选中"简化"主题后，按快捷键"Insert"输入下一级的子主题。通常在做笔记时，会提炼出若干"要点"。需要注意的是，在提炼要点时，要点一定要是明确的结论式或定义式的语句，且注意简洁性。例如，这堂课讲解了如何记录笔记、整理笔记以及复习笔记3个要点。在整理时，如果只写"如何……"，那么并没有达到结论式语句的要求。时间一长，看到"如何记录笔记"这几个字，未必能反应得过来。想起当时课堂的重点。如果写成"记录笔记要快捷"，那么无论时间过多久，当我们再次看到这句话时，即使无法完整回忆出当时课堂的每一个细节，却仍然能把握住当时得出的结论。

为了方便整理与记忆，还可以为子主题添加序号。选中"简化"，再选择"插入"选项卡"主题元素"功能区的编号命令就能做到。对于理工科的学生，除了要点的文字描述以外，可能还涉及一些计算，那么可在该要点后输入下一级子主题，如公式与例题等，并把黑板上拍下的板书例题或者教材上的典型例题拍照以附件形式添加在例题上（见图1-6）。

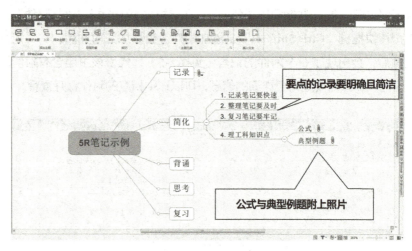

图1-6 简化笔记

"背诵"环节要求完整地复述出课堂要点和主要的课堂内容。体现在导图上，可以按快捷键"Shift+Alt+1"折叠二级以下的子主题，随后把自己的复述要点再输入到"背诵"子主题下，最后打开"简化"的二级子主题来一一对照自己复述的准确性，对于没有完整复述的，可以再次回顾，加深记忆（见图1-7）。

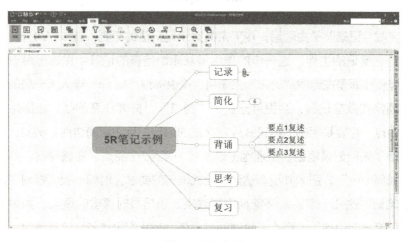

图1-7 折叠主题

结构思考力——用思维导图来规划你的学习与生活（慕课版）

在学会了添加子主题后，对于思考和复习这两步的导图，就水到渠成了。在"思考"下，可以加入你对这堂课的感想、感悟，又或者是一些其他的想法。有时候这些想法是出自某一具体要点的，那么这个时候可以使用添加关联，把这条感悟和引起该感悟的要点连接起来，以便在以后看到这条思考时，还能回忆起这条奇思妙想的出处与来由。

例如，由于记录笔记要求快速，那么自然就联想到，记笔记要写得快，但同时也要考虑到字迹的识别性，那么就会想在平时增加草书的练习。具体做法是选择"插入"选项卡"导图对象"功能区的"关联"命令，在下拉菜单中选择"插入关联"，然后把"记录笔记要快速"和"练习草书"连接起来。注意这里的箭头是可以调整的。由于此处两者是一种单向的联系，所以采用单箭头即可，在"标注"部分输入"写得快又要好辨认"来说明是因为这个原因才联想到的（见图1-8）。

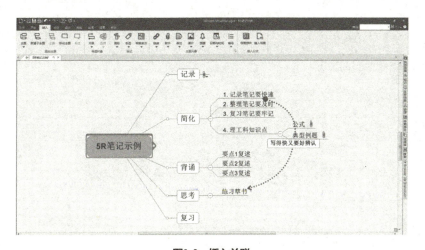

图1-8　插入关联

小结

这一节，我们主要通过讲解如何使用5R笔记法做笔记，来了解思维导图软件MindManager的基本操作。相关操作主要包括新建导图的中心主题、子主题，修改主题布局，为主题添加附件，折叠主题与插入关联等。

读者可以选择一门正在上的课程或者正在学习的资料，使用本节所学到的功能，来做一份导图式的5R学习笔记。如果每天或者每节课都能做出一张导图，试想一下，一年后或者大学毕业时，你将拥有强大的知识结构！

作业

选择一门课程（无论是大学课程还是职场上的短期培训课程），使用5R笔记法做一份导图式的笔记。[2]

2　慕课学员可以通过慕课系统在线提交作业。

第二节
知识点记忆

关于记忆术，相信看过江苏卫视综艺节目《最强大脑》的人都对此有所了解，里面的选手个个都有着超强的记忆能力，每位登台选手的表现在我们普通人眼里只能用不可思议来描述。确实，大多数的选手都是天赋异禀，然而，不可忽视的是，除了那高人一筹的天赋以外，他们无一不是每日坚持着艰苦的记忆训练。

作为普通人，我们没有必要去做那样艰苦的记忆训练，但是适当学习一些简单快速的技巧帮助我们提升一定的记忆力，那也是非常不错的一件事情。

博赞记忆术简介

思维导图的创始人托尼·博赞在他的书里提到了多种记忆术，主要使用的技巧是"联想"和"想象"。博赞认为，你刺激和使用你的想象越多，你就越能提高你的记忆能力。这是因为一个人的想象是没有穷尽的，也没有界限而言，而且想象可以刺激一个人的感觉，进而再刺激他的大脑。联想就是把需要记忆的内容和已经熟知的事物联系起来，通常可借助数字、符号、顺序和图案等工具。如谐音法记忆就属于联想。

为了增强一个人的记忆力，并且帮助高效地回忆信息，博赞提出了十项核心的记忆法则，分别是感觉、夸张、韵律和运动、色彩、数字、符号、顺序和模式、吸引力、欢笑和积极思维。

本章我们主要围绕软件来讲，不会涉及过多的思维导图的理论知识，因此对于这十项核心的记忆法则，我们从中只挑选一些和软件关联度较高的来简单分析一下。主要包括色彩及图片、图标（符号）对记忆和分解问题的帮助，以及使用的技巧。

色彩的使用

在思维导图中，同一主题分支节点之间的关系要比不同分支节点间关系紧密。每个分支都是一个意义相对完整的知识组块。因此，在绘制思维导图时，尽量让一个分支采用一个主色调，避免由于颜色混乱导致读图或者记忆的困难。

在MindManager中，改变线条颜色的方法很简单。框选需要修改颜色的主题（包括子主题），点击"设计"主选项卡下"对象格式"功能区的线条颜色即可。在图1-9中，概念1对应的所有子主题都采用了红色的线条（图中表示为虚线），这样在看后面的公式、典型例题、注意事项时，都会因为红色的线条（图中表示为虚线）而联想到这些内容是属于概念1的，利于记忆。

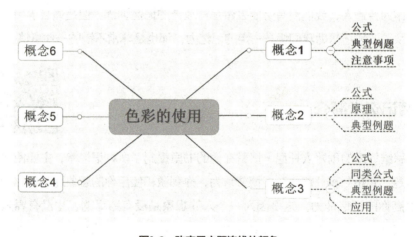

图1-9　改变子主题连线的颜色

图片、图标的使用

图片和图标用在思维导图中，主要原因是图片比较形象直观，而且比文字更能吸引人的眼球，如果图片或者图标的选取是恰当的，那么很多人一眼看到图片就能明白你后面的一段文字是想表达什么意思。"一图胜千言"就是这个意思，图像携带的信息远比文字所包含的要多，而且更丰富、生动。此外，记忆一幅图比记忆一段文字要来得容易得多，读思维导图的人对于图片的喜爱肯定要胜于文字。

因此，如果你在使用思维导图整理知识点时，适当地选取一些和文字契合度较高的图片或者图标加在文字描述里，则不仅能使导图变得趣味性更强，更能因此而激发你的联想潜能，提升记忆的效率。

如图1-10所示是一堂宏观经济学课堂效率工资理论的笔记。该节课讲解了四种常见的经济学界对于效率工资的解释，分别为工人健康、工人流动率、工人素质和工人努力程度。对于初学者而言，要在课堂内一下子记住4种理论的解释，并非易事。然而，借助于恰当的图片却可以减少我们记忆的难度。对于工人健康，选择一张跳跃的小人儿图片；对于工人流动率，选择一张挥手再见的小人儿图片；对于工人素质，选择一张拾金不昧的人物图片；对于工人努力程度，则选择了一张辛苦的搬运工人图片。虽然有些图片并不完全贴切文字，但是只要经过简单的联想就能明白图片和文字的联系。这样一来，不仅提升了读图时的趣味性，更方便记忆比较深邃且不熟悉的理论概念。

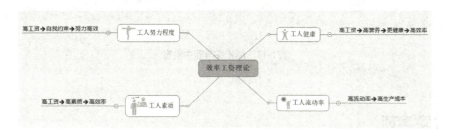

图1-10　图片在导图中使用

在MindManager中插入图片的具体操作步骤如下：先选中需要插入图片的主题，选择"插入"主选项卡下的"主题元素"功能区，打开图片下拉菜单选择"从文件插入图片"，选中你想要插入的图片，点击确定后，就完成了图片的插入，再对图片的尺寸和位置进行调整以符合视觉审美要求。需要提醒的是，MindManager还内置了一些图片，读者可以事先浏览一下有哪些图片，这样可以节省自己去找图的时间。[3]

3　去哪里找图？去哪里找图标？是否可以自制图标？在线慕课课程中有介绍。

此外，在"插入"主选项卡下的"标记"功能区，选择"图标"命令，还能添加图标。图标的作用不仅体现在可以帮助记忆，还能用来给一些重要的事情做标记。

图1-11展示了图标作为标记的一个作用。我们在上一节曾经介绍的5R笔记法中，有一步是背诵环节。如果背诵正确，可以在该知识点前做个"大拇指"的图标记号；如果背诵错误，可以做个"倒大拇指"图标记号。下次在复习的时候，一看就明白这个知识点当时背诵时有错误，应该加以重视。

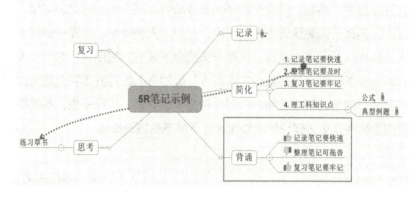

图1-11　图标在导图中使用

注意事项

建议图标和图片不要太多，色彩的数量也不宜过多，更不要太花哨。我们可以在很多书或者网络中看到许多非常花哨、色彩鲜艳的导图，虽然看上去很好，但是读图时，就比较困难了，不太容易抓住重点。过多的图片或者色彩容易喧宾夺主。当然，这并不是说那些导图不好，事实上，导图的创始人博赞就非常强调色彩，他书里的导图都是色彩丰富的。

为什么我的建议和导图创始人的观点不一致呢？原因有两点。第一，博赞的导图，最早是发明给小孩子训练发散性思维的。小朋友天性活泼，对色彩非常敏感，因此色彩确实可以激发他们的联想。而对于成年人，由于事务缠身，无法保持那么单纯的心境进行记忆和发散性思考，导图的使用环境又是工作、

结构思考力——用思维导图来规划你的学习与生活（慕课版）

学习等相对正式的商务环境，因此突出重点和强调结构对于成年人而言比思维发散更重要。第二个原因是关于使用对象的，即这张图的使用者是谁？如果导图的使用者是制图者本人，那么其实色彩丰富点、图片多一些，对自身可能并没有太大的影响。因为记忆与其说是结果，不如说是一个过程。对概念的梳理进而制作导图，本身就是一个记忆的过程，在这过程中使用你觉得能帮助到你的色彩、图片、图标，无可厚非，完全凭自身的特点与偏好来选即可。然而，如果你的导图是需要分享的，那么就不得不考虑读图者的感受了。一张色彩过于丰富、图标太多的导图会让读图者由于无法迅速抓住重点而望而却步。笔记虽然是私人的，也不一定需要分享，但是由于知识的积累是个很长的过程，如果我们翻出10年前自己制作的导图，那很可能就和看一张其他人制作的导图是一样的感觉。这个时候，简洁、结构化、有重点的导图仍然是我们希望看到的。

因此，建议读者在制作导图的时候，不要过度使用颜色、图标和图片。在选择图片时，也尽可能选择恰当、能激发读图者联想的图片。

小结

这一节，我们主要讲了如何记忆学习过程中遇到的知识点。联想和想象，是记忆过程的两个重要技巧，而使用色彩、图片和图标能帮助我们更容易地进行联想和想象，减轻记忆的负担，提升记忆的效率。

对于软件的使用，我们需要掌握在MindManager中如何给导图修改颜色、添加图片和图标。在慕课中，我们还讲解了如何寻找适当的图片以及如何制作图标等。

读者可以尝试在已有的学习笔记上添加合适的颜色、图片或图标，来帮助自己记住这些知识点。

作业

选择一份导图笔记（可以使用上一节的作业），为归纳出的知识点添加方便你记忆的图片或者图标，并对概念进行简单的分组，同一组的概念设置相同色调的颜色线条。

第三节
知识点归纳

大学和中学的学习最大不同是，在大学期间的学习强调学习者的自主性，大学教师通常不会像中学老师那样在一个学期的课程里安排大量的习题课与复习课。很多没有及时养成良好自主学习习惯的同学，上课时跟着老师的进度进行学习，一直到了期末考试才想起来课程是需要复习的，否则考试会通不过。此时再想起复习，就会突然发现，需要复习的内容实在是太多了，根本无从下手。而更多的同学即使迷迷糊糊地通过了期末考试，似乎也并不清楚这一门课程到底学了点什么。

因此，及时地对学过的知识进行归纳与梳理，把概念之间的逻辑关系整理清楚就显得非常重要。而概念图正是这样的一个工具。

概念图（Concept Map）

概念图最早是由康奈尔大学的Joseph D. Novak和他的研究团队在20世纪70年代提出的。当时，Novak将这种绘图技巧应用在科学学科的教学上，作为一种增进理解的教学技术。

Novak的设计是基于奥苏伯尔（Ausubel）的同化理论。奥苏伯尔根据建构式学习的观点，强调先前知识是学习新知识的基础框架，并有着不可替代的重要性。在Novak的著作《习得学习》（*Learning to Learn*）中，指出"有意义的学习，涉及将新概念与命题同化于既有的认知架构中"。

Novak教授认为，概念图是某个主题的概念及其关系的图形化表示，概念图是用来组织和表征知识的工具。它通常将某一主题的有关概念置于圆圈或方框之中，然后用连线将相关的概念和命题连接，连线上标明两个概念之间的意义关系。概念图又可称为概念构图（Concept Mapping）或概念地图（Concept Maps）。前者注重概念图制作过程，后者注重概念图制作的最后结果。现在一般把概念构图和概念地图统称为概念图而不加以严格的区分。

概念图有4个基本要素，分别为概念（Concepts）、命题（Propositions）、交叉连接（Cross-links）和层级结构（HierarchicalFrameworks）。

概念是感知到的事物的规则属性，通常用专有名词或符号进行标记，图1-12方框内的文字就是概念元素。命题是对事物现象、结构和规则的陈述，在概念图中，命题是两个概念之间通过某个连接词而形成的意义关系，通常这些连接词有"包括""组成""引发""导致""需要""提供"等，图1-12连线上的命题有"包括""含有""组成"等。交叉连接表示不同知识领域概念之间的相互关系。层级结构根据是否属于同一知识领域，分成两层含义，如果是同一知识领域内的结构，则概括性最强、最一般的概念处于图的最上层，从属的放在其下，如图1-12所示，物质是最一般的概念放在最上层，依次根据从属关系向下，最底层的是质子和中子。具体的事例位于图的最下层，如果是不同知识领域间的结构，则不同知识领域的概念图之间可以进行超链接。

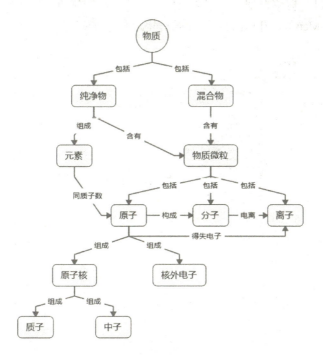

图 1-12　"物质的组成"概念图

概念图与思维导图的异同

概念图与思维导图都是可视化的工具，虽然理论出发点不同，但概念图的理论基础"意义学习理论"同样适用于思维导图，认识心理学的工作记忆的组块加工理论也同样适用于概念图和思维导图。

至于不同点，概念图的直接目的是用来表征知识，而思维导图的直接目的是激发和整理思考。对于普通使用者而言，可以不必把两者区分得那么仔细，只需根据自己的需要来构建具有结构意义的图来帮助达到自己的目的。

利用MindManager制作概念图

MindManager虽然是制作思维导图的工具，但是也能用来制作概念图，并且使用非常方便，直接利用导图模板就行了。

先新建一个导图文件，选择"设计"主选项卡下的导图模板下拉框，选择导图模板打开模板管理器（见图1-13）。在"空白模板"里选中"概念图"（Concept Map），并点击右下角的新导图即可完成建立。

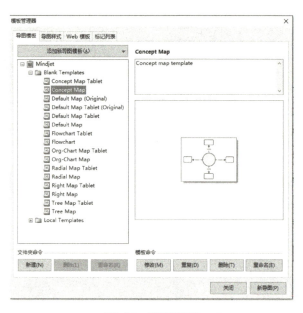

图1-13　模板管理器

在模板管理器中我们发现在模板中还包含了一些其他的图表，这些图表都是可以帮助我们构建结构化的工具，其中有一部分也会在后面的课程中讲到。

当使用模板建立起概念图后，可以和建立普通思维导图一样，在方框中输入内容，只是这里我们输入的是概念。而点击概念方框四周的"+"则可以往四周添加下一层的概念，通常我们朝下方进行添加。当添加好新的方框后，则可进一步输入概念，此时，连接线是自动生成的，且提供了"标签"位置供使用者输入命题，如果觉得新加入的概念方框位置不好，可以按键盘的方向键进行调整。

基本的操作就是这些，非常方便，好好利用MindManager中提供的内置模板可以减轻非常多的工作量。读者可以自己试一下，不使用模板的话，是否能快速画出一幅概念图。

小结

这一节，我们主要讲了如何使用概念图把我们学过的知识点进行归纳整理，以便复习。概念图有4个基本要素，其中概念和命题是必不可少的。概念是感知到的事物的规则属性，而命题是对事物现象、结构和规则的陈述。通过构建概念图，很好地串联起了每节课的知识点。

一节课只有90分钟，因此学习的内容对于整个课程来讲，如碎片一般，而概念图是一幅拼图，把每片碎片拼起来后，对于了解课程的全貌非常有用处。

软件方面，我们讲了如何使用MindManager的导图模板功能，这能大大减少我们花在软件操作上的时间，而把重心放在对知识的处理上面。

读者可以尝试选取一门正在上的学校课程或者正在进修的培训课程，把学过的知识点做成概念图。想象一下到了期末的时候，在捧着一堆书和笔记复习的人当中，拿出一张概念图来，这样子是不是很酷？

作业

选择一门正在上的课程，选取其中的一个单元或一章内容，列出所有知识点（如果有考纲的，可以借助考纲），根据这些概念，使用MindManager制作一幅概念图。

第四节
构建知识结构

你有没有统计过自己从小到大，一共深阅读了几本书，浅阅读了几本书，学过的数学方面知识有哪些，物理方面知识又有哪些。

为什么有的人能很好地利用现有的基础优势，而有的人却始终在做那些自己不熟悉的事情，无法利用以前的工作经验与积累。

如果我们能做个整理，也就是说构建自己的知识结构，那么我们不仅能了解自己读过哪些书、学过哪些知识、做过哪些事情，更为重要的是，当我们以后再次面对选择时，还可以选择一些我们有比较深厚基础的方向，而不必在我们的知识结构上另开一支。

完善知识结构

那应该如何完善自己的知识结构呢？首先需要明确自己的方向。这一点对职场人士可能更容易理解一些，因为通常当人们有了工作之后，都会大致了解自己这个行业的晋升路径，可参照的目标相对比较清晰。而大学生对自己将来的方向则存在着一定的不确定性，这里可以暂时先假设你将来的发展是跟随你的专业方向的，这个假设可以帮助你更好地完善你的知识结构。

确定好目标后，把已有的知识归类划分到不同的领域，如文学、数学、物理学、计算机、经济学、园艺、烹调等。这里要注意两点，第一是领域之间的包含关系，如"编程"是计算机领域的一个分支领域，"信息安全"也是计算机领域的一个分支领域。在划分时，尽量把知识点划分到较细的领域内，一层层往下。第二是领域之间的辅助关系，如计算机领域可能需要用到数学的离散数学等分支领域的知识，金融学领域也需要用到数学的统计和计量领域知识。这些提供领域之间的辅助关系需要明确。

当领域划分好之后，就要结合自身的目标，平衡领域的广度和深度了。所

结构思考力——用思维导图来规划你的学习与生活（慕课版）

谓"广度"，就是你的知识结构中，包含了多少领域；所谓"深度"就是你对具体某一个领域，是否具有深入的了解和研究。没有知识深度的人，经常表现为不够"专"，在行业中会缺乏竞争力；而没有知识广度的人，则容易在今天这个各路信息大碰撞的时代错失许多的机会。例如，对于一些爱好舞文弄墨的人来说，博客给了他们非常好的平台来展现自己的文采，但是要做好一个博客，或者希望博客能吸引更多的粉丝，提高博客在搜索引擎的排名，你必须要学一点"SEO"，就是搜索引擎优化的知识，这个是需要一些计算机背景的。因此，要想在今天的社会中保持竞争力、创新力，知识的深度和广度都是需要的。

然而一个人的精力有限，不可能既注重深度又注重广度，实际学习时，往往顾此失彼。下面借助一幅正态分布图来说明我们该如何平衡自己的知识结构。在图1-14中，横坐标表示不同的领域，纵坐标表示在该领域的深度。最中间的部分对应的是你的目标方向，即追求深度的那些领域，这部分领域和你设定的目标是直接相关的。浅灰色部分对应的是和你目标方向较为密切的知识领域，这部分领域的知识结构不需要像对待最中间部分那样花费大量的精力，研究和学习得不必那么深入，但仍需要花费一些时间去学习。最两边的深灰色部分是和目标方向关系比较疏远的知识领域，这部分只需要大略了解一下，浅尝辄止，或者使用较为零碎的时间来学习。

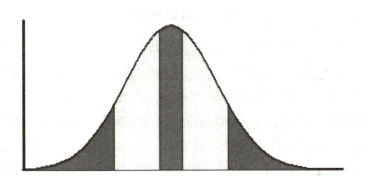

图1-14　知识结构的正态分布

平衡好知识的广度和深度之后，在具体加入知识点的时候可以考虑对知识点进行分类。常见的分类是概念性知识点（定义）、指导性知识点（方法）和陈述性知识点（事实）。具体如何记录知识点，之前已经讲过，这里不再赘述。

利用MindManager构建自己的知识结构

如何使用MindManager构建自己的知识结构呢？如果之前的每门课程都建立过课程知识点的导图，那么这里的工作就简单多了，只需要一个"添加链接"的功能就行了。

首先建立起自己的知识结构，并且添加一些图片和图标以增加辨识度。对辅助领域添加关联至主要领域，如图1-15所示，关联了Excel和VaR、Maltab和希腊值，并根据之前广度和深度的设定，把子领域都设定好相应的底纹，分别代表该领域需掌握的深度。

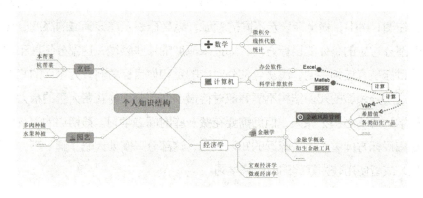

图1-15　建立知识结构

接下来就是把原先积累的导图链接到现有的知识结构中去了。选中你需要添加笔记的子主题，图1-15中是VaR，选择"插入"主选项卡下的"主题元素"功能区的"链接"下拉菜单的"添加链接"命令。在图1-16中选择相应的导图文件点击确定即可，如果想更精确地链接到原有导图下的某一个子主题，则可以点击"选择主题"进行更精确的操作。当完成添加后，"VaR"主题旁会出现一个导图链接的记号，单击它就能链接到详细描述VaR这堂课的导图了。

如此这般，把每一个领域都逐渐补全，日积月累，自身的知识架构就完善了。以后再也不会为是否应该参与某一个项目而困扰了。我们可以先想想这个项目所需的基础条件是否在我们已有的知识结构中拥有，进而再想想参与这个项目所能获得的知识和经验对现有的知识结构有没有补充和完善作用。如果同时满足两点，那么就可以参与，否则可以先暂缓，毕竟一个人的精力有限。

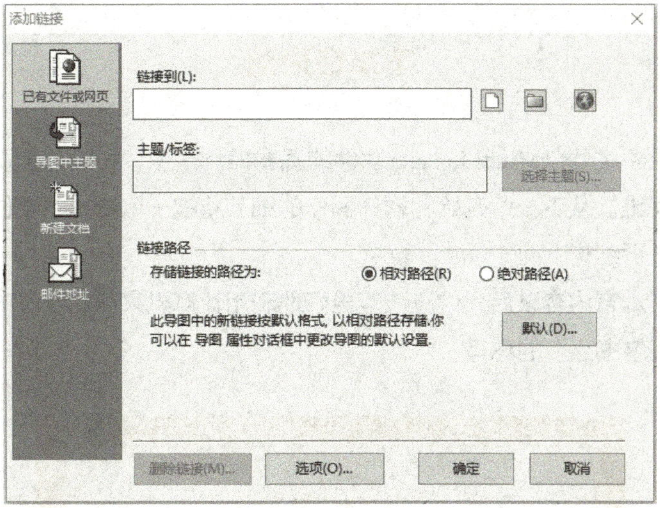

图 1-16 添加链接

小结

　　这一节，我们主要讲了如何完善自身的知识结构。首先需要确定目标，然后划分归类已有的知识领域，同时厘清各领域之间的辅助关系，在注重知识深度的同时，必须兼顾广度。完善的知识结构可以帮助我们更有针对性地学习或者参加实践项目。

　　从软件操作的角度而言，建立自身的知识结构并无困难、复杂之处，真正的困难在于平时的积累，这不是一朝一夕能完成的，"罗马不是一天建成的"。软件本身只是提供了一个链接的功能，而具体的内容需要我们平时养成整理和总结的习惯。

　　读者无论是刚工作的职场新人，还是正在读大学的学生，都可以尝试先建立起自己的知识结构框架，整理过去已有的知识，同时也可以在既定的方向上设定下一步的学习计划。

作业

　　根据自己的情况，建立并完善自身的知识结构。可以先建立起框架，具体的内容可慢慢积累。

本章结束语

本章讲解主要以MindManager软件的基本操作为主，还没有涉及非常具体的结构化思维。从下一章开始，软件操作的细节将被一笔带过，我们把更多的精力放在分析结构上面。

掌握了本章内容以后，你应该能更好地利用计算机来帮助自己的学习，特此授予"极客书生"的称号。

第二章

神机军师

本章主要讲解利用结构化思维来制订各种计划，包括学习计划、备考计划、安排待办事项与对失败进行分析等内容。我们将学习一些常见的分析方法以及图表，来帮助我们更方便地进行结构化的思考。思维导图软件MindManager仍然是学习本章内容的一个重要的计算机工具。在学习时，千万记得使用上一章的记录笔记和整理知识点的方法。

第一节
学习计划

无论是在大学时期还是毕业参加工作后，参与培训课程或者自学一些新技能都是我们提升自我的手段。然而由于这些学习大多是出于自发的目的，并非外部强制要求的，因此，好多人都无法坚持到最后。往往"三分钟热度"，一开始还信心满满，一段时间后，由于被一些突发的事件打扰耽搁，停顿了几天，就放弃学习了。

每当出现这种情况，常见的借口无非就是"干扰的杂事太多，无法专心做一件事情""最近太忙，等过段时间再继续也行"等。归纳来讲，就是出现了一些"意外"，打扰了原本很完美的自学安排。试想一下，如果我们有一份周全的学习计划，计划里充分考虑到了这些"意外"，是不是当"意外"真正出现的时候，我们会表现得更从容一点呢？

那什么样的学习计划称得上好的计划呢？一份好的学习计划应该包含哪些方面的内容呢？下面我们就利用结构化思维方式来制订一份学习计划。

5W2H分析法

"5W2H"分析法又叫作七何分析法，是第二次世界大战中美国陆军兵器修理部首创。是一种简单、方便、易于理解及使用，同时又富有启发意义的分析方法，被广泛用于企业管理和技术活动，对于决策和执行性的活动措施也非常有帮助，有助于弥补考虑问题的疏漏。

"5W2H"发明者用5个以W开头的英语单词和两个以H开头的英语单词进行设问。

1. What——是什么。目的是什么？在制订学习计划的时候，请先问一下自己，这份学习计划最终达到的学习目的是什么？打算学什么？如毕业班的学

结构思考力——用思维导图来规划你的学习与生活（慕课版）

生会在毕业论文撰写前学习办公软件Word，以提高后期撰写论文的效率。那么此时学习的目的就是学习Word以提高撰写论文的效率，学习内容就是Word中与排版相关的功能。内容和目的一定要明确且具体，否则在学习的时候容易偏离目标。因此可以列出学习Word排版所需的具体功能作为学习内容的下级内容（见图2-1）。

图2-1　制订具体细致明确的What

2．How——怎么做。 如何做才能提高效率？如何实施？方法怎样？在制订学习计划时，不要太笼统，应该制订得具体些。具备可操作性的计划相较于空泛的计划，更能"抵御意外的冲击"。如"看书"和"看《×××》书"。当我们的学习由于无法拒绝的原因停滞了一段时间后，一开始的冲劲肯定消失了，之前一些学习过程中产生的想法或者看法也慢慢淡忘了。如果此时拿起的计划里只写着"看书"两个字，可能又要去想，该选哪本书？选书的原则是什么？如果是看《×××》书，那就很简单了，不必浪费脑细胞，直接找来或者买来就行。大脑的工作需要预热， 上来就浪费太多脑细胞，就很难让人继续下去了。一份可操作的计划，对于计划的最终完成可以减少很多的阻碍（见图2-2）。

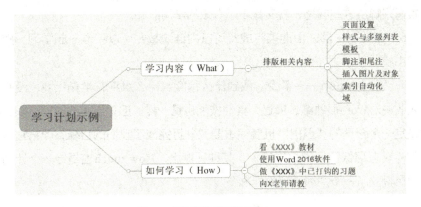

图2-2　制订具备可操作性的How

3．**Why——为什么**。为什么要这么做？在制订学习计划时，可以问一下自己，为什么选择这些内容作为学习内容？为什么使用这些方法进行学习？这个过程是个自省的过程，可以在回答问题时，不断修改原先制定的学习内容和如何学习（见图2-3）。

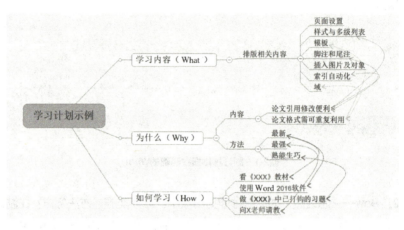

图2-3　思考为什么Why

4．**When——何时**。什么时间完成？什么时段来做？制订学习计划时，可以给每部分学习内容设定一个学习期限，让自己明确什么时候应该完成。还可以设置一个每周的固定学习时间，把这个时间保留下来不安排其他事情。在设定期限时，可以适当放宽松些，尽量使自己达到目标。

5．**Where——何处**。在哪里做？去哪里找资料或老师？制订学习计划时，查找好获取资源的途径，安排好学习的地点等。否则，等真正开始学习的时候再来解决这些问题，就又减少了有效的学习时间。

6．**Who——谁**。由谁来完成？可以向谁请教？可以和谁一起学习、建立学习小组？

7．**How much——多少**。做到什么程度？什么水平？学无止境，没有一个人敢说对Word很熟练、精通，其他技能也是一样。但是学习的时间有限，因此设定一个合理的"退出"机制很重要，一旦完成了我们的目标，就将它告一段落（别忘记保留好学习笔记）。某种程度上，How much也是给一个计划或者项目设立了一个"绩效评价标准"。

5W2H分析法的结构

大家是否记得小时候写作文，语文老师会要求写清楚这些元素：时间、地点、人物、起因、经过和结果。这叫作"作文6要素"，这和"5W2H"是一个道理。"5W2H"的本质是把一件事情，按照7个要素进行了拆分（见图2-4）。

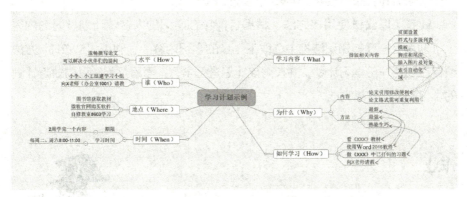

图2-4　利用5W2H分析法制作的学习计划

由于我们人类的大脑无法一下子想清楚很大的一件事情，因此既要想得深入细致，又要考虑得周到全面，除非大脑功能发达、脑容量大，否则一般人都是难以达到的。而借助结构化即拆分问题，则可以让我们的思维集中在一个较小的区域内，进行深入的思考。

回想导言中结构化思维的金字塔结构，可以很自然地发现"5W2H"是一种横向结构的划分，把一个主要问题分成了7个方面来阐述分析。对这7个方面的继续挖掘则属于纵向结构分析方法。借助"5W2H"自我提问式的分析方法，可以很自然地把问题、事件或者项目进行结构化的拆分，有助于思路的条理化，杜绝盲目性，易于指导我们全面地思考问题，从而避免在考虑问题时有所遗漏。这正是结构化思维的优势，也是我们为什么需要学习结构化思维的原因之一。

小结

　　这一节，我们主要学习了"5W2H"分析方法，该方法包含7种元素，分别为What、How、Why、When、Where、Who和How much。在分析问题时，利用"5W2H"方法可以方便地把复杂地问题做横向的结构化拆分，使我们在思考问题时既确保了深刻性也照顾到了全面性。同时，我们使用该方法，制订了一份目标明确、操作性强、可执行度高的学习计划。

　　读者可以尝试使用该方法，根据目前正在学习的内容或计划学习的内容（可以从上一章的知识结构中选取下一步的学习内容），利用"5W2H"方法给自己制订一份学习计划，并按照该计划进行学习，看看是否比以前缺乏计划的学习安排更容易完成。

作业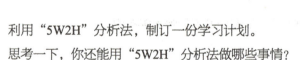

　　利用"5W2H"分析法，制订一份学习计划。

　　思考一下，你还能用"5W2H"分析法做哪些事情？

第二节
备考计划

在大学期间，除了日常的学校内的上课以外，课外学习最多的就是考证了。从人人需要参加的英语四、六级考试，到各种专业资格认证证书、技能培训类证书考试等，数不胜数。毕业参加工作后，还有各类的职称考、培训技能考等在前方。虽然学习并不是为了考证，但是获取证书的的确确是对你刻苦努力的学习过程的一种最直接的证明了。

然而无论是在校生还是职场人士，备考都属于自己附加提高的要求。在校生需要在上课和完成作业以外的时间才能备考，职场人士更是要从工作和加班中抽出时间来。如何才能更好地方便自己管理好备考的时间，了解自己的备考进度，时时刻刻明白自己离"进考场"还差多少呢？这里分成两个方面来讨论，第一，以"5W2H"分析法制订备考计划，明确考试的目的、复习内容等，这个在上一节已经讲过；第二，制作甘特图来跟踪自己的复习进度。

甘特图

甘特图（Gantt Chart）又称为横道图、条状图，是以它的发明者亨利·L·甘特先生的名字命名的。甘特图内在思想简单，以图示的方式通过活动列表和时间刻度形象地表示出任何特定项目的活动顺序与持续时间。基本是一条线条图，横轴表示时间，纵轴表示活动（项目），线条表示在整个期间计划和实际的活动完成情况（见图2-5）。它直观地表明任务计划在什么时候进行，以及实际进展与计划要求的对比。管理者由此可以便利地弄清一项任务或者项目还剩下哪些工作要做，并可评估工作进度。

甘特图是基于作业排序的目的，将活动与时间联系起来的最早尝试之一。目前甘特图被广泛应用在生产计划以及项目管理中。

时间(日)				3月													XXX线上活动 时间推进表（2012）	
内容	负责人	工作成果	27	28	29	30	31	1	2	3	4	5	6	7	8	9	10	11
方案确认			方案确认															
方案提交																		
方案审核																		
方案确认																		
前期准备							前期准备											
文案准备																		
图片准备																		
活动页面制作																		
联系博主、微群管理员																		
活动执行																		
活动发布																		
名博转发																		
微群置顶																		
活动收尾																		
公布获奖名单																		
发放奖品																		
效果分析																		
Notes:																		

图2-5 甘特图

利用MindManager制作备考计划

我们以大学英语六级备考为例来讲解如何在MindManager中制作一份包含甘特图的备考计划。首先根据"5W2H"分析法和学习的目的与要求来确定此次复习的主要内容（见图2-6）。

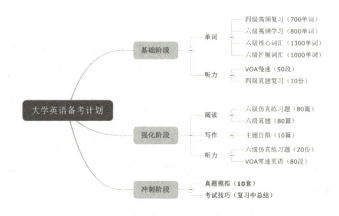

图2-6 根据"5W2H"分析法确定备考复习内容

结构思考力——用思维导图来规划你的学习与生活（慕课版）

选择中心主题"大学英语备考计划"，选择"任务"主选项卡下"显示任务面板"后，再选择"添加任务信息"。在右侧显示的任务信息面板下，定义任务信息。假设我们准备的是2016年6月18日的大学英语六级考试，我们可以设置任务的开始日期为2016年3月1日，截至日期为2016年6月17日，优先级设为1级，进度根据自己的情况进行选择。

当添加完任务信息后，在中心主题前出现了分别代表优先级和进度的图标，在中心主题的下方出现了开始日期、截至日期和持续时间信息（见图2-7）。在备考计划中由于不涉及资源的问题，所以这里不用设置资源选项。

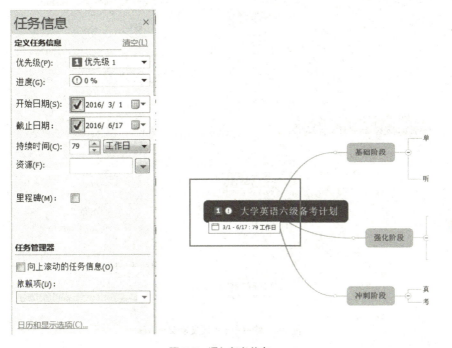

图 2-7　添加任务信息

之后分别点击各个子主题，用同样的方法设置好各个任务信息。这里需要注意的是，每一级子任务设置的开始时间和截止时间的区间需要介于上一级任务设置的时间区间内。

当给所有的子主题都设置了任务信息后，接下来我们就打开"甘特图"，选择"任务"主选项卡下的"计划"功能区的"甘特图"。在下拉菜单里选择"显示甘特图"的"顶部"调出甘特图。

这时调出的甘特图尚不是最终的形式。甘特图一个很重要的设置是对每个任务设定依赖关系，例如，有些任务必须是在某一任务完成后才能开始的，这就是一种依赖关系。以图2-8为例，对于基础阶段的单词复习，只有先复习完四级词汇，才可以接下去复习六级高频词汇，顺序颠倒则毫无意义。

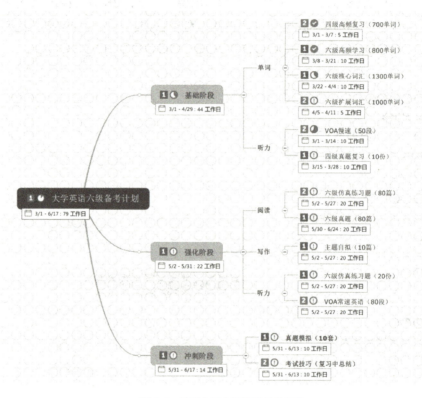

图 2-8 给每个子主题设置任务信息

甘特图中的依赖关系一般分为4种。

1. 前者结束后，后者才能开始。

2. 后者不能早于前者结束。

3. 前者开始前，后者不能结束。

4. 前者开始后，后者才能开始。

因此还必须对甘特图中存在依赖关系的任务进行设置（见图2-9）。在甘特图中建立依赖关系的操作步骤分为3步。

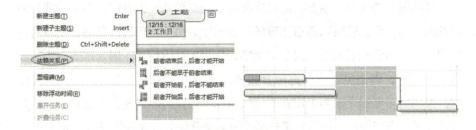

图2-9 建立依赖关系

第一步，在甘特图中，选中某一任务，按住Ctrl键，再选择另一任务或多个任务。

第二步，右击选择依赖关系，选择需要的关系类型。

第三步，成功建立依赖关系。此时甘特图中的依赖关系线条无法修改。

当完成所有的依赖关系设置后，我们就完成了整个备考计划的制作（见图2-10）。

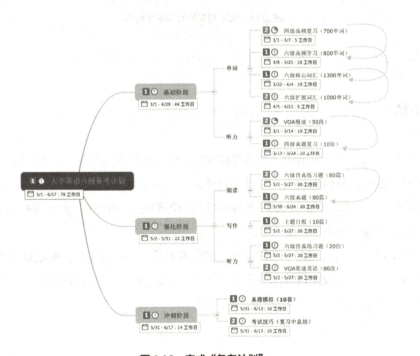

图 2-10 完成"备考计划"

甘特图中的任务，随着时间的推移需要随时更新。当我们每完成一部分复习的内容后，我们就可以调整相应任务的进度。每周我们打开备考计划看看甘特图，就能对我们目前的进度了如指掌。如图2-11所示，一根竖直的直线代表当前的时间，而进度条中填充部分代表已完成的，未填充部分代表尚未完成的。很明显，竖线之前的未填充部分代表这部分任务的进度晚于计划，现在应该抓紧了；而竖线之后的填充部分则代表这部分任务较计划已提前完成了。

任务	开始	结束	进度	资源	2016											
					一月	十二月	一月	二月	三月	四月	五月	六月	七月	八月	九月	
▲ 大学英语六级备考计划	2016/3/1	2016/6/17	0 %													
▲ 基础阶段	2016/3/1	2016/4/29	100 %													
四级高频复习（700…	2016/3/1	2016/3/7	100 %													
六级高频学习（800…	2016/3/8	2016/3/21	100 %													
六级核心词汇（1300…	2016/3/22	2016/4/4	100 %													
六级扩展词汇（1000…	2016/4/5	2016/4/11	100 %													
VOA慢速（60段）	2016/3/1	2016/3/14	100 %													
四级真题复习（10份）	2016/3/15	2016/3/28	100 %													
▲ 强化阶段	2016/5/2	2016/5/31	75 %													
六级仿真练习题（80篇）	2016/5/2	2016/5/27	100 %													
六级真题（80篇）	2016/5/30	2016/6/24	50 %													
主题自拟（10篇）	2016/5/2	2016/5/27	50 %													
六级仿真练习语（20份）	2016/5/2	2016/5/27	50 %													
VOA常速英语（80段）	2016/5/2	2016/5/27	50 %													
▲ 冲刺阶段	2016/5/31	2016/6/17	0 %													
真题模拟（10套）	2016/5/31	2016/6/13	0 %													
考试技巧（复习中总结）	2016/5/31	2016/6/13	0 %													

直线代表当前时间

图 2-11　利用甘特图查看备考进度

小结

这一节，我们主要讲了如何使用MindManager制作备考计划，特别是通过对子主题的任务信息定义，以及设置任务之间的依赖关系来生成甘特图。在甘特图中，我们可以随时比较任务或者项目当前的进度与计划进度之间的差距。大大方便我们随时调整备考工作。

本质上，这节是上一节的延续，我们在使用"5W2H"方法确定复习的主要内容后，才能设置甘特图的任务。因此，不妨根据上一节制作的学习计划来制作一份备考计划，顺带去报名一门考试。

结构思考力——用思维导图来规划你的学习与生活（慕课版）

作业 ✏️

　　报名参加一门考试。利用"5W2H"分析法确定复习的内容后，制作一份备考计划，并且每周记录完成进度，定期追踪自己的进度并调整备考任务。

第三节
待办事项

无论是学习计划还是备考计划，都是一份中长期的计划，通常这些计划的时间跨度至少在一个月以上。而对于那些需要在短时间内完成的事情，如几天内或者一周内就需要完成的事项，我们一般称之为待办事项。

职场中最常见的管理待办事项的方法就是写便签。把短期内需要完成的任务写在便签上，再把便签贴在电脑显示屏下沿，以便办公的时候随时能看到。但是便签的缺点也是显而易见的，对于那些有多个办公场所的商务人士而言，在A地办公时留下的便签，在B地办公时是看不到的，如此一来便有可能导致贻误工作。

在校生对于待办事项的制定也是必不可少的。学习计划和备考计划中列出的学习内容基本都是比较笼统的，要想每天都保持学习的动力必须每天根据计划中定下的"大战略"给自己再定个"小目标"。"小目标"中包含若干当天需要完成的工作和内容，每做完一项便打个钩。这种"激励式"的方法对于一个需长期坚持的项目是非常有益的。

制作待办事项的结构

我们曾在学习计划一节中介绍了"5W2H"分析法，说到结构化的过程本质上是一种拆分的过程。拆分的逻辑有很多种，"5W2H"分析法的逻辑是按照7要素进行拆分的；还有其他的拆分逻辑，我们以后会逐一介绍。

而在制作待办事项时所需要的拆分逻辑，是属于个性化的，并没有确定的拆分原则，完全是按照个人的需要进行分类的。例如，某在校生可以根据自己学习、生活的几个场景分类（见图2-12），把一天的学习和生活分成了上课、预习、复习、备考、生活、项目、学生会工作和社团工作等8个部分。而对于那些没有那么多集体活动的学生而言，分类可能就只需要上课、预习、复习和生活四部分内容就足够了。

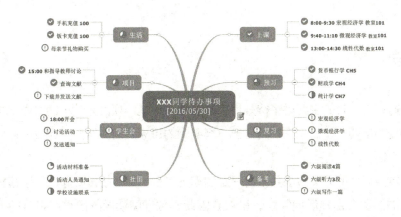

图 2-12　在校生的待办事项

而如图2-13所示是某在职销售人员的待办事项，他根据需要拜访的客户所在的公司进行分类，当然其实他也可以按照拜访的时间顺序或客户的重要性进行分类。无论如何分类都没有确定的原则，完全是根据自身的需要来进行分类的。

图 2-13　销售人员的待办事项

这种由个人需求不同而进行的横向结构拆分，也是结构化的一种。但由于拆分缺乏一定的逻辑性，因此这样的导图对于读图者而言容易造成困惑，相应的传播性或者可读性会受到一定的限制。通常这类待办事项的导图，一般并不用于传播，更多的时候是用于给自己做提醒之用，而且里面列出的事项是需要在短期内完成的，不会因为事项拖沓的时间长而造成将来自身遗忘导致读图时的理解困难。

小结

这一节，我们主要讲了待办事项的制作。这是一项由大化小的工作，是落实计划的重要一步。每天都给自己一个明确的目标方向去努力，完成一件事项打一个钩。

待办事项的分类方法并没有一定的规则可言，具体的拆分原则可以根据每个人的需要自由灵活地制定。虽然会因此导致导图读图的困难或者传播的限制，但对于待办事项这类由制图者本人短期使用的导图而言，根据自身需求的分类并不会造成太大的困扰。

读者可以尝试在工作中利用软件制作类似的待办事项，记录每天的完成情况，让自己每天都能得到一朵老师发的小红花。

作业

根据自身的个人需求，制作自己的每周待办事项，并养成习惯。

第四节
失败分析

马克思曾经说过"人要学会走路，也得学会摔跤。而且只有经过摔跤，才能学会走路"。无论是学习还是工作，抑或是在生活之中，失败都是不可避免的。没有人喜欢失败，失败大多是一些令人痛苦的经历，甚至是让你的人生受到重创的体验。然而，无论是什么人，一生顺利且从未尝过失败滋味的，估计是不存在的。

不管你有多伟大，多么不同凡响，只要你是一个人，那么你就或多或少地经历过失败，只不过是轻重程度的不同而已。然而，从另一个角度来看，失败是一种非常重要的财富，无论什么样的失败，只要你跌倒后又能马上爬起来，跌倒的教训就会成为有益的经验，帮助你取得未来的成功。

那么如何来对自己的失败进行有效且深刻的剖析呢？这里介绍一种结构化分析的工具图——鱼骨图。

鱼骨图

鱼骨图，又名因果图，是一种发现问题"根本原因"的分析方法，根据使用场合和目的可划分为问题型、原因型及对策型鱼骨图等几类。

鱼骨图是由日本管理大师石川馨先生发明的，故又称石川图，其特点是简洁实用、深入直观。鱼骨图看上去有些像鱼骨（见图2-14），把问题或缺陷（即后果）标在"鱼头"外。在鱼骨上长出鱼刺，上面按照出现机会多寡列出产生问题的可能原因，有助于说明各个原因之间是如何相互影响的。

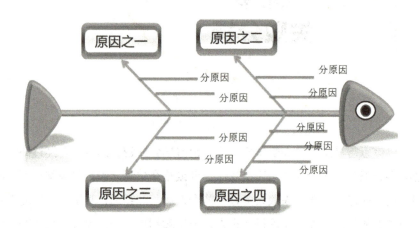

图 2-14　鱼骨图

在具体利用鱼骨图进行失败分析时，鱼头部分可以写结果，即"×××事情失败"。我们以"微积分不合格分析"为例来讲解鱼骨图的用法。在鱼身上的鱼骨称为"大骨"，大骨部分主要写造成失败的主要原因，通常写3到6点，不宜过多，如学习时间少、高中数学差、生活不适应、习惯未养成4点。构成大骨的骨头称为"中骨"，中骨部分写的内容可以具体些，以描述事实情况为主，这其实也是我们最容易想到的，因为凡事如果不从事实开始的话，要找出失败的原因就不现实了；"中骨"往下是"小骨"，小骨可以围绕"为什么会那样"来写，这样就给出了具体问题的症结所在。

图2-15就是鱼骨图的一个例子，鱼头部分就是微积分没有合格的结果。大骨上写出了4点理由。每一点理由都由中骨上的实际情况概括而成。如果条件允许，还可以更进一步就那些事实产生的原因进行更深入的分析，进而衍生出小骨。

在MindManager中可以利用模板做出鱼骨图，在"新建"中选择"本地模板"，打开其中的"问题解决"文件夹，在出现的模板中即可看到鱼骨图，点击该鱼骨图后，就完成了创建鱼骨图式样的导图。之后可以根据个人需求对模板进行修改，如设置失败原因、添加删除主题及更改图标等操作。

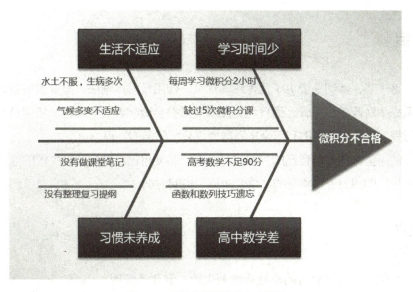

图2-15　利用鱼骨图分析失败原因

鱼骨图的结构

　　鱼骨图本身就是一个金字塔式的结构图。鱼头部分就是金字塔的塔尖，这是这幅图所要表达的中心话题。其次从大骨、中骨一直到小骨就是典型的纵向结构划分，一步步细化，由表及里、由表象到内在、由抽象到具体分析问题。在这个纵向的结构中，鱼骨图所使用的逻辑关系主要是因果关系结构。我们可以借助鱼骨图较好地以结构化的视角剖析事件发生的原因。因果关系作为一种常见的逻辑结构把原因和结果两者联系起来，串联起了"鱼"的骨头。

　　然而鱼骨图不仅仅是用来表示因果关系的，在使用鱼骨图时，最重要的过程是由结果出发，通过一层一层向下寻找原因而最终发现问题的症结。这种自上往下挖掘的过程，就是导论中提到的"金字塔结构"的分析过程。所以，使用鱼骨图分析问题，等价于直接应用结构思维来解决问题，这也是使用鱼骨图这类结构图的好处——用图就是用结构思维。我们在后续章节中还会介绍类似的图或表格工具帮助你使用结构思维来解决问题。

小结

　　这一节，我们主要讲了鱼骨图的定义、作用及基本画法。鱼骨图使用因果关系来串联起各根鱼骨，而且鱼骨图本身就符合金字塔式的结构。使用鱼骨图的过程，是一种自然的利用金字塔原理来分析问题的过程。

　　使用鱼骨图来对自己的失败进行分析，将使自己清楚地找到失败的症结，明晰自己的得失，为将来的"学会走路"指明方向。

作业

　　回忆一下自己最近的小挫折或者失败，利用鱼骨图来剖析发现问题的症结，并给出改进计划。

本章结束语

本章主要讲了利用结构化思维来制订学习计划和备考计划、设立待办事项及对失败进行分析等，使用"5W2H"分析法及鱼骨图可以帮助我们定式地以逻辑关系拆分问题，同时根据个人需要也可以进行个性化的横向结构的拆分。

掌握本章内容后，你不仅具备了运筹帷幄的计划能力，还具备了自我反省的反思能力，特此授予"神机军师"的称号。

第三章

论文能手

本章主要讲解利用结构化思维来完成论文的工作，主要内容包括论文研究计划、文献整理与论文写作等。我们将学习一些常见的结构分类，包括主次关系的分类、学科意义的分类以及总分关系的分类，使用这些结构化的分类将大大有效地提高完成论文的效率。

思维导图软件MindManager仍然是学习本章内容的一个重要的计算机工具，同时我们也将会接触一些广受好评的应用模板。在学习时，可以结合正在写的课程论文或者项目论文边学边做。

第一节
论文计划

随着项目式应用教学的兴起，越来越多的课程都会设置一定数量的课程论文作为学习评价的一种手段。因此，在校大学生在4年学习期间，不再只是写一篇毕业论文那么简单了，而是有可能需要完成数十篇具备相当质量的课程或者项目论文才行。虽然过程比较痛苦，但是经过这些论文的磨炼后，无论是对知识的理解还是应用都将上一个台阶。事实上，写论文比做题目对学习的帮助要大得多。那么如何才能有效地写论文呢？制订一个目的明确、主次清晰、资源丰富、进度直观的论文计划就能帮助你做到这点。

我们以MindManager网站上一份广受好评的"论文计划"模板为例[1]，来探讨如何制订论文计划，并探究其是如何做到结构化的拆分的。

图3-1是该模板的中心主题和一级子主题。把论文计划拆分成了6个部分，分别为论文细节、初步调研、计划纲要、待办事项、论文写作/计划资源、反馈和问题。

Part
1

学习篇

第三章 论文能手

1　该模板可以在MindManager官网上下载，网址 http://www.mindmanager.cc/muban/detail_48.html。

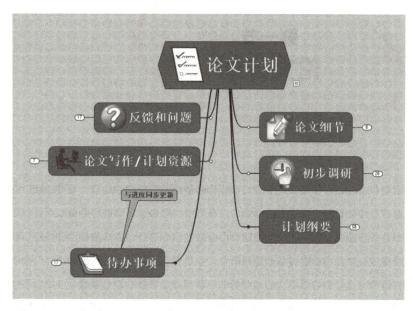

图3-1　论文计划模板

其中，论文细节中包含指导教师的姓名、指导教师对于论文的具体要求等信息。

初步调研中包括以下内容。

1. 头脑风暴时候选定的论文主题以及相关的论点。

2. 列出在调研时具备的可调配的资源。

3. 筛选出的和论文话题有关的参考资料网站。

4. 其他需要补充的和研究相关的文件以及其他来源的信息汇集。

计划纲要中包含论文的提纲、策略、引用及文件。

待办事项与论文写作进度同步，给出了一些比较重要的截止日期，以任务的形式给出方便进行进度管理。论文写作/计划资源则包含论文的格式要求，以及一些其他可能的网络资源。

反馈与问题包含指导教师的意见以及需要向指导教师请教的问题，同时也有其他阅读者的意见和建议。

论文计划的思维导图按照主题，在横向结构上分成了6个部分。可以发现，这六部分内容的结构关系为主次关系，即把与论文相关的最主要内容先列出来，再列出次要的或者说辅助性的内容（注意，思维导图的读图顺序是按照顺时针方向来的，第一条阅读分支应该是位于右上角的分支）。

例如，完成论文必要的步骤肯定包括指导教师对于论文的要求，调研分析找出主题与论点，以及论文的主要结构。这三部分内容属于论文工作的主要部分，其中的内容将贯穿整个写作过程。其他诸如待办事项属于完成论文的阶段性进度记录，论文写作/计划资源属于写作过程中备查的一些可能用到的资料，反馈和问题同样属于完成论文的过程记录。这些内容都应该排在主要分支的后面。

根据金字塔原理（见图3-2），横向结构中的观点A、B、C是有序的，不可颠倒。如果是按照先主要、后次要的结构做的划分，那么意味着观点A的重要性大于观点B，观点B的重要性大于观点C，依次排列。把最重要的观点放在最前面表达，将有助于读图者或接受观点的人迅速抓住你想要表达的重点。

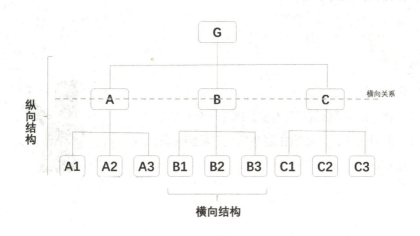

图 3-2　金字塔结构

这种先主后次的横向结构拆分不仅仅可以用在论文计划的制订上，像之前的备考计划，尽管我们当时使用了"5W2H"分析法进行拆分，其实也可以使用先主后次的方法拆分。例如，你在某一方面比较薄弱，那么把这部分内容列出来作为重要的复习内容，放在导图的右上角；再把自己擅长项的内容放在次要的准备内容里。

小结

这一节，我们主要学习了如何利用先主后次的结构，对事件及问题进行横向结构的拆分，形成结构化的工作安排，并把这样的结构化拆分应用到了大学生经常会遇到的撰写论文前的制订论文计划上。这样的划分可以让我们在复杂的论文写作工作中提高效率。

具体而言，先主后次的论文计划安排，不仅能抓住完成论文工作中最需要关注的重点项，也让我们给那些看似不重要但却可能有用的内容找到了"安身之处"（归入次要项）。这样的主次划分既能让人专注、不分心——紧盯主要问题，又能让人安心、减少焦虑感——不遗漏任何可能的次要问题。

读者可使用本节所学的先主后次的结构拆分方法，尝试给自己正在做的论文或者其他项目做个计划安排。

作业

1. 利用先主后次的拆分方法，制订一份论文计划。
2. 思考一下，你还能在哪些情况下用到先主后次的拆分方法？

第二节
文献整理

无论是课程论文、项目论文或者是学术性较强的学术论文，查询文献资料都是必不可少的一步。但是很多人都会有相同的困惑，如文献太多、太杂，阅读文献太耗时，每次查找最新文献都要花去不少时间。那么如何利用结构化的思维来整理文献呢？

回忆一下我们在第一章第三节——知识点归纳中提到的概念图，概念图其实就是一种结构化的拆分，拆分的依据是学科意义。每一门学科大类，都能分成若干个学科小类，如此细分下去。

根据中华人民共和国学科分类与代码简表（国家标准GBT 13745-2009）的划分，把所有学科门类划分成三级，如金融工程学属于三级学科，它的上一层二级学科是金融学，再上一层的一级学科是经济学，而本身金融工程学下的研究方向又可以细分下去很多级。如果我们在查找文献后，立即把文献按照事先划分好的类别归好类，这样就不会出现"一大堆"文献了，因为归类后的文献是有意义的，方便检索。如此日积月累一段时间后，所有读过的文献都成了你的学识储备，放入你的知识结构图中，成果就很可观了。

按照学科意义及研究方向分类可以解决"多和乱"的问题，那么如何解决查阅新文献耗时多的问题呢？

RSS

RSS（Really Simple Syndication）中文称简易信息聚合，是一种基于XML标准，在互联网上被广泛采用的内容包装和投递协议。简而言之，RSS可以订阅，订阅者可以定时收到与订阅内容相关的信息。如果我们订阅的是和研究方向相关的内容，就可以定期收到最新的相关信息了。

查阅文献时使用最多的网站是中国知网（www.cnki.net），在里面已经提供了期刊的RSS订阅。例如，作为经济管理类的学生或者研究者，《经济研究》是每个学术人都会阅读的学术期刊。然而无论是去图书馆阅读纸质版期刊，还是偶尔想起来去网上查阅，都会花去一些无谓的时间，如去图书馆来回路上、在书架上查找、网络上检索的时间等，一次两次还不觉得，每次查都要花掉那么多时间，累积起来就是很长的一段时间了。为了避免浪费时间，此时可以选择RSS订阅。先在知网上搜索"经济研究"期刊进入期刊主页面。在主页面上点击RSS订阅（见图3-3）之后，该RSS订阅地址就被复制到了剪贴板上，随后在MindManager里插入链接，把该地址贴上去就行了。点击导图内的链接，就会在MindManager内置浏览器中打开该RSS订阅的内容（见图3-4）。如此一来，是不是非常的方便和快捷。你可以订阅一些常用的主流期刊，根据学科归类，定期点一下鼠标就能看到这些期刊上最新的文献题目和摘要信息，帮助你快速了解学术界的最新情况。

图 3-3 期刊RSS订阅

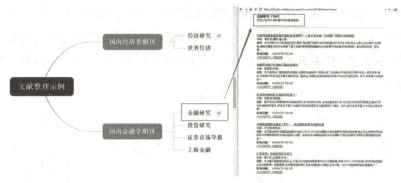

图 3-4　查看RSS订阅信息

RSS订阅除了用于常用期刊以外，还能针对某一个研究方向进行订阅，比如你的研究方向是金融投资方向，最近的关注点又放在了"动量交易"上，那么可以采用关键词搜索，并对搜索结果做RSS订阅。

我们以Elsevier Science公司的Science Direct（www.sciencedirect.com）数据库为例，进入高级搜索后，在关键词检索栏输入我们需要检索的关键词——动量"Momentum"，在搜索范围中勾选期刊，并把学科限定在"经济，计量和金融"（见图3-5）。

图3-5　搜索关键词

点击"搜索"后，在随后出现的搜索结果页面中，选择RSS（见图3-6），像上面一样把该地址粘贴到导图中，就可以了。如果你的研究方向有几个，那么不妨多建立一些关键词的RSS订阅（见图3-7），这样能非常方便地掌握最新的情况。

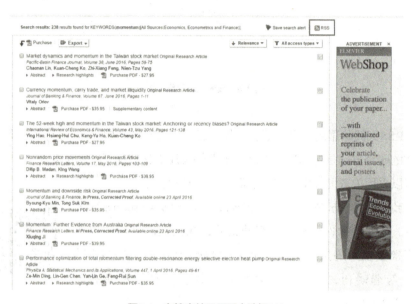

图3-6　在搜索结果页面中选择RSS

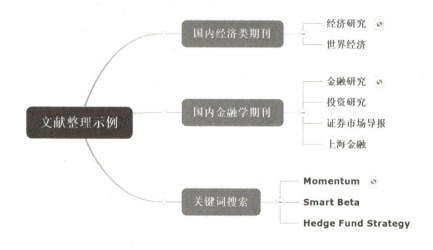

图3-7　文献整理导图

小结

这一节，我们学习了如何根据学科意义对多且乱的文献进行结构化的拆分归类，这种拆分的依据可以根据学科本身的属性，也可以借助于一些标准规定。

同时学习使用MindManager的添加链接功能，对一些主要期刊以及与研究方向相关的关键词搜索结果进行RSS订阅，让自己始终保持在最新的研究前沿且节省了很多不必要的时间。

读者无论是在写论文的在校生或是正在从事某类需查阅众多文献的在职者，都可以利用本节所学对自己的资料进行更有效的分类。

作业

1. 制作一份导图，把你平常工作和学习时经常需要使用到的文献资料进行归类。

2. 根据你目前的研究方向或者选择一个自己感兴趣的方向，制作一份RSS订阅的思维导图。

Part

1

学习篇　第三章　论文能手

第三节
论文写作

利用先主后次的结构制订好了论文写作的计划，再根据学科意义对查询的文献进行归类后，下一步就是正式的论文写作了。本节并不从学科专业的角度来阐述如何写论文，而是以结构化的视角来规划论文的结构。

论文通常包括引言与正文。引言是正文前面的一段话，目的是向读者说明本研究的来龙去脉，介绍论文的写作背景和目的、缘起和提出研究要求的现实情况，吸引读者对本篇论文产生兴趣，对正文起到提纲挈领的作用。

正文是论文的主体部分，应包括论点、论据、论证过程和结论。通常一篇论文只能有一个主论点。正文的功能主要是展开该论点、论证、深入分析引言提出的问题。正文撰写的内容需反映出文章的逻辑思维，它也决定了论文的可理解性和论证的说服力，必须做到逻辑清晰、层次分明。

通常撰写论文的层次结构分为以下3种。

第一，直线推论方式。由文章中心论点出发层层深入地展开论述，由一点进行到另一点的逻辑推演，呈现出直线式的逻辑深入。通俗地讲，就是递进关系。

第二，并列分论式。把从属于基本论题的若干个下位论点并列起来，分别进行论述。通俗地讲，就是并列关系。值得注意的是，采用并列分论式时，一个很重要的原则是"MECE（Mutually Exclusive Collectively Exhaustive）分析法"，即相互独立，完全穷尽。对于一个问题的分类应尽量做到不重叠、不遗漏，借此有效地把握问题的核心。并列式列出的分论点之间应相互独立，但所有的分论点组合在一起又都能完全穷尽，即这些分论点论证结束后，自然使主论点得证。

第三，直线推论与并列分论相结合的方式。即直线分论中包含并列分论，而并列分论下又有直线推论，形成复杂的立体结构。这种方式最为常见，例如，把主论点根据"MECE原则"分成3个平行的分论点，在对分论点进行论证的时候，又采用直线推论方式论证；或者采用直线推论方式把对主论点的论证

过程划分为3个分论点，对每一个分论点进行论证时，又采用了"MECE原则"进行，都是可以的。具体论证过程可根据论证采用的方法，依据论据的形式来决定，但是总体分析结构是如此的。

从图3-8中我们可以发现，论文写作的3种层次结构和金字塔式的结构是异曲同工的。直线推论方式就是金字塔结构的纵向关系，并列分论式就是金字塔结构的横向关系，而混合式就是既包含了纵向关系又包含了横向关系的全局式的一座金字塔。

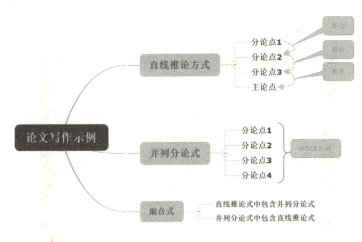

图3-8　常见论文层次结构

小结

这一节，我们学习了论文写作常见的3种论证层次，"直线推论式""并列分论式"与"混合式"。这3种层次和金字塔结构异曲同工，因此学好结构化思维，对于论文的写作是非常有帮助的。

在正式撰写论文之前，应先规划一下采用哪种方式进行论证，不要直接就动手敲起键盘来。

作业 ✏

如果你正在着手写一篇论文，无论是课程论文还是毕业论文，都先暂停一下，使用导图整理一下你的论证结构。

本章结束语

　　本章主要讲了如何利用结构化思维来制订论文写作计划、整理文献及结构化论证等。学习了先主后次的结构划分、根据学科属性的划分和直线及并列的结构划分来拆分议题和事项。

　　掌握本章内容后，你对于那些曾经让你头疼无比的论文作业，应该变得游刃有余了吧，特此授予"论文能手"的称号。

第四章

创业帮主

本章主要讲解结构化思维在大学生创新创业训练和实践中的应用，主要内容包括宏观的战略分析、中观的行业态势分析及微观层面的创新创业团队组建等。我们将学习一些常见的结构分类，包括并列关系的分类、对立关系的分类以及根据属性的分类，使用这些结构化的分类将帮助我们在撰写创业计划书时可以客观地看清创业的形势，组建创业团队时能够发挥每个成员的优势、挖掘潜能，以提高创业的成功率。

思维导图软件MindManager仍然是学习本章内容的一个重要的计算机工具，同时我们也将会接触一些广受好评的应用模板。在学习时，建议去报名参与一些学校或者更高级别的创新创业训练大赛来提高自己的结构化思维应用能力。

第一节
战略分析

随着我国社会就业压力的逐渐加大，创业逐步成为在校大学生和毕业大学生的一种职业选择方式。大学生作为我国的年轻高级知识人群，有着较为丰富的知识储备和其他高级知识分子所欠缺的创造力。而随着移动互联网技术的日趋发展，大学生活跃的思想，或者说新奇古怪的想法，在得到互联网的助力后，大大提升了创业的成功率。"大学生创业"成为大学生目前最为热门的话题之一。各项创新创业大赛也不断推出，旨在通过各种模拟的训练和比赛，加强学生的创新精神和实践能力，为真正的创业打下基础。

那创业过程中需要注意哪些内容呢？大家可以去网上找一些优秀的创业计划书来阅读一下，看看一份完整的创业计划书应该包括哪几个方面？

这里，我们讨论创业计划书中很重要的一个方面，就是对于宏观层面战略的分析。一个想法是否成熟、一件商品是否有竞争力都是创业成功的必要条件，但是所有的成功都离不开一个好的大环境，因此，在宏观层面上分析是很有必要的。那么如何使用结构化思维来进行宏观上的战略分析呢？换句话说，该从哪些方面来分析宏观大环境呢？这里可以借助一种分析方法——PEST分析模型。

PEST分析模型

PEST是一种企业所处宏观环境分析模型。PEST分别是政治（Politics）、经济（Economy）、社会（Society）和技术（Technology）的英文首字母。在对一家企业进行所处的背景分析时，通常是通过对这4个因素来进行分析的。

在分析政治环境时，我们主要考虑的内容包括政府的态度、法律法规、政府制定的政策等。对于创业企业而言，最重要的就是关注你要成立的企业可以享受各级政府机构或行业协会给予的优惠及补贴的政策信息。

在分析经济环境时，重点考虑构成经济环境的关键战略要素：GDP、利率水平、财政货币政策、通货膨胀、失业率水平、居民可支配收入、汇率、能源供给成本、市场机制、市场需求等。结合自身创业企业的市场地域定位，来查找数据进行分析。例如，你打算开一家高新技术公司，把你在科研上的成果转化成产品销售出去，销售目标为本地城市居民，那么你重点需要查询的数据是本市的数据，通常这类数据都是公开的，在各级政府的统计局网站上都能查询到。如果你只是打算经营一家奶茶铺，目标客户就是附近三条街区内的居民，这种街道级别的数据，公开渠道是没有办法获得的，最方便的办法（准备一些礼品）是在街道附近做一些问卷调查来估计大致的数据。

在分析社会环境时，需要考虑人口环境和文化背景。其中，人口环境包括人口规模、年龄结构、人口分布以及收入分布等因素；而文化背景包括宗教信仰、社会风俗和习惯、行为规范、生活方式、文化传统以及价值观等。比方说，你如果打算开一家主打创意菜的饭店，那么你必须事先调查好周围街区内的人口年龄结构，通常而言，年纪轻的愿意尝试这些新奇的食物，而年纪大的则更愿意保持传统。如果你的店面选址周围年轻人比例较低，则可能这样的创意菜餐馆就不太受欢迎。

在分析技术环境时，需要分析与企业或市场有关的新技术、新工艺、新材料的出现和发展趋势以及应用背景。例如，你打算开一家普通的小吃店，经营奶茶和鸡排等，你就必须考虑互联网对你这个市场的影响，传统的经营模式会不会受到互联网外卖的影响？你是应该加入互联网阵营还是坚守阵地呢？不同的创业者会有不同的想法，利用PEST模型拆分问题，再结合自身的情况做出选择。

PEST模型的结构

图4-1是一个利用PEST模型给校园咖啡馆创业计划方案做战略分析的例子。我们从PEST模型的导图中可以清晰地发现，PEST模型把校园咖啡馆开店这件事从政治、经济、社会和技术4个平行的方面进行了分类。这属于金字塔上横向结构的划分，划分依据的逻辑关系是并列的关系。

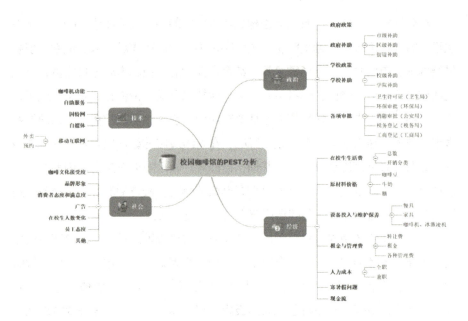

图4-1 校园咖啡馆的PEST分析

我们在论文写作中曾经讲过，并列关系的拆分需遵从"MECE"原则。而PEST模型的划分则基本遵照了这个法则，把开店这件事的几乎所有方面都考虑了进去。和鱼骨图一样，使用PEST模型就等同于在用结构思维解决问题，该模型天然契合了金字塔式的结构。

对于某些特殊行业，可能PEST的4个分类不足以完美地做到"MECE"标准，或者你打算在创业计划书中重点突出PEST里的某一个子项，所以在应用时，PEST模型出现了一些扩展的变形（见表4-1）。我们在使用这些模型做战略分析时，可根据实际情况灵活使用。

表4-1　PEST模型的扩展

模型名称	模型分类
PESTLE模型	Political（政治）、Economic（经济）、Sociological（社会）Technology（技术）、Legal（法律）、Environmental（环境）
PESTLIED模型	Political（政治）、Economic（经济）、Sociological（社会）Technology（技术）、Legal（法律）、International（国际）Environmental（环境）、Demographic（人口）
STEEPLE模型	Sociological（社会）、Technology（技术）、Economic（经济）、Environmental（环境）、Political（政治）、Legal（法律）、Ethical（道德）

小结

　　这一节，我们主要学习了PEST分析模型，该分析方法按照"MECE"原则并列地把事件从横向结构上拆分成了政治、经济、社会和技术4个方面。在分析问题的时候，利用现成的PEST模型可以方便地把一个复杂的问题自然进行结构化的拆分，使我们在思考问题时可以做到有的放矢。

　　同时我们使用了该方法，并且利用MindManager导图对校园咖啡馆的创业计划进行了全面的战略分析。读者可以尝试使用该方法，把曾经在头脑中闪现的创业想法进行一下PEST分析，看看这个想法是否在宏观上或者战略上具有可行性。

作业

　　1. 选择你周围的一家小商店，用PEST分析模型对该店做一下战略分析。

　　2. 选择一家上市公司，利用公开数据对这家上市公司做一下PEST分析。

第二节
态势分析

创业准备期除了要考虑宏观及战略层面的情况，还要结合自身的特点以及竞争对手的情况来进行中观层面的态势分析。而SWOT分析法，就能用来帮助创业者结构化分析企业中观层面的态势。

SWOT分析法

SWOT是优势（Strengths）、劣势（Weaknesses）、机会（Opportunities）和威胁（Threats）4个词的英文首字母简写（见图4-2）。SWOT分析法是基于内外部竞争环境和竞争条件下的态势分析，就是将与研究对象密切相关的各种主要内部优势、劣势和外部的机会、威胁等，通过调查列举出来，并依照矩阵形式排列，然后用系统分析的思想，把各种因素相互匹配起来加以分析，从中得出一系列相应的结论。

图4-2　SWOT分析矩阵

运用这种方法，可以对研究对象所处的情景进行全面、系统、准确的研究，从而根据研究结果制定相应的发展战略、计划及对策等。

在对企业做内部因素的优劣势分析时，必须从整个价值链的每个环节上将企业与竞争对手做详细的对比，如产品设计是否新颖，制造工艺是否复杂，销售渠道是否畅通，以及价格是否具有竞争性等。如果一家企业具备某一方面或几个方面的优势，则该企业的综合竞争优势也许就强一些。此外，需要指出的是，这里衡量一家企业及其产品是否具有竞争优势，是站在潜在客户的角度上而言的，并不是站在企业自身的角度上看。换句话说，要别人说好才是真好，"王婆卖瓜自卖自夸"可不行。

在对企业做外部因素的机会与挑战分析时，应注重事物的两面性。任何一件事情都能带来正反两方面的效应，如何才能避开负面威胁，而同时好好利用因此得到的机会，是分析时的重点。例如，对于一家音像制品公司而言，盗版光碟给公司毫无疑问地带来了威胁，低廉的盗版产品价格会限定正版产品的最高销售价格，进而降低公司利润；但与此同时，盗版产品的泛滥也带来了一些额外产生的机会，如盗版光碟由于价格优势，而可以使得光碟内容广泛传播，增加了知名度，此时，如果企业采取购买正版CD送歌星亲笔签名的纪念品等措施增加产品附加值，则反倒是较好利用了盗版快速传播带来的影响。

从整体上看，利用SWOT分析可以从矩阵中找出对自己有利、值得利用的因素，以及对自己不利、需要避开的东西。发现存在的问题，找出解决办法，并明确以后的发展方向。根据分析结果，可以将问题按照轻重缓急分类，明确哪些是急需解决的问题，哪些是可以稍微拖后一点儿的事情，哪些属于战略目标上的障碍，哪些属于战术上的问题，并将这些研究对象列举出来，从中得出一系列相应的结论，以便做出正确的决策和规划。具体包括以下几方面（见表4-2）。

1. 对于公司具有内部优势（S），且外部条件具备发展机会（O）的，可以采取SO战略，即增长型战略。公司应该把资源尽可能投入到这一方面。

2. 对于公司具有内部劣势（W），但外部有发展机会（O）的，可以采取WO战略，即扭转型战略。公司可以借外部良好的发展机会，来逐步扭转自己内部的劣势，慢慢发展成自己的优势。

3. 对于公司具有内部优势（S），但遭遇到外部威胁（T）的，可采取ST

战略，即多种经营战略，利用现有的优势地位，采取横向发展，拓展渠道，渡过外部威胁阶段。

4. 对于公司具有内部劣势（W），同时又遭受到外部威胁（T）的，可采取WT战略，即防御型战略，在稳定的前提下，慢慢剥离该产业或谋求产业升级。

表4-2　SWOT分析后的战略

	优势S	劣势W
机会O	SO战略（增长型战略）	WO战略（扭转型战略）
威胁T	ST战略（多种经营战略）	WT战略（防御型战略）

图4-3是根据校园咖啡馆的例子，使用SWOT分析做的一幅导图。该导图选用的是MindManager中内置的SWOT分析模板，在MindManager的官方网站中，还有不少其他SWOT分析的模板可以使用。

图4-3　校园咖啡馆的SWOT分析

SWOT分析的结构

SWOT分析的结构是一个完整的金字塔式的结构，同时包含横向与纵向两条线。从图4-2可以看出，SWOT分析法在分析企业态势时，分成了内部和外部两个方面，这是第一层次的横向结构，划分的逻辑属于并列结构中的对立关系。再进一步深入到第二层次时，又细分出内部的优劣势和外部的机会与威胁。而优势和劣势，机会与威胁，也都属于并列结构的对立关系。

对立关系的划分是一种一分为二的划分，具有"非你即我，非我即你"的特征。该特征学术的讲法就是"MECE"。讲到这里，你应该懂了。

小结

这一节，我们主要学习了SWOT分析模型——本身结构即是金字塔式的。该分析方法先并列地把事件拆分成了内部因素和外部因素两个方面，再进一步按照对立关系拆分成内部的优劣势和外部的机会和威胁。

在分析问题时候，利用SWOT方法可以方便地把复杂的问题进行结构化的拆分，使我们在做决策时，能清醒地看到自身的内部情况和外部的发展。同时我们使用该方法，利用MindManager的导图模板对校园咖啡馆的创业计划进行了全面的态势分析。

读者可以尝试使用该方法，把那些曾经在头脑中闪现的创业想法进行一下SWOT分析，看看该想法在中观层面上是否有可行性。

作业

1. 选择你周围的一家小商店，用SWOT分析模型对该店做一下态势分析。

2. 选择一家上市公司，查看其年报及同行业的年报或研究报告，对这家上市公司做一下SWOT分析。

Part 1

学习篇

第四章 创业帮主

第三节
团队组建

俗话说"一个好汉三个帮"，没有小伙伴的帮助，仅凭一己之力想要实现自己的创业梦几乎是做白日梦。那如何来组建一个既高效又和谐的团队呢？通常高效的团队有哪些特征呢？除了要有共同的理想、责任心强这些基本的特点外，最重要的是互补。

所谓"互补"。从技能上讲，指的是团队成员之间具有不同的学科知识背景，既要有懂技术的专才，也要有懂管理的帅才；从性格上讲，既要有能独立思考、冷静沉着的成员，也要有热情大方、善于处理人际关系的伙伴；从分工上讲，既要有勇于开拓新市场的冲锋兵，也要有甘于做好配角的后勤兵。

那么如何利用结构化的思维来组建这样一个高效的团队呢？从流程上来讲，要组建一个团队分两步走，首先要明确自己的团队应该有哪些职位组成，其次明确这些职位所需要的技能与行为性格。

假设我们打算建立一家清理花园的初创公司，第一步先考虑公司需要设立哪些岗位，如需要销售一名，还需要清理者两名；第二步，列出每个岗位所应具备的技能与行为性格（见表4-3）。

表 4-3　团队组建技能需求

岗位	技能			行为性格		
销售	体态	口才	知识	分析	热情	应变
清理者	翻土	强壮	知识	自主	热情	精心修护

当列出技能需求表后，就可以对每一位应聘面试者进行记录或打分（见表4-4）。

表 4-4　清理者面试记录

姓名	翻土	强壮	知识	自主	热情	精心修护
张三	√		√	√		√
李四	√	√			√	√
王五	√	√		√		
赵六		√			√	
孙七	√			√		√
周八		√				

从表4-4可以看出每位参与面试的人员的技能特点与性格特征。

张三会翻土，虽然他不强壮，但是懂得区分杂草与植物，且工作自主性高，性格上虽然不够热络，但工作态度认真，修护花园精心周到。

李四也会翻土，且身体强壮，搬运重物不在话下，但是对于植物和杂草的区分能力不行，有时候会因此而做错事，如工作时清理掉客户自己种植的植物。他自主干活的动力不足，但为人热情，和客户能自来熟，给人亲和感，同时对待工作态度也是认真的。

其他几位面试者也都各有特点，但总体来讲，在表格里面能清晰地看到，在只招两位花园清理者的前提下，张三和李四这种技能和行为性格均能互补的人是最佳的选择。李四的强壮可以免于团队面对重物时的困扰；张三的知识可以让团队在清理杂草时不犯错误；张三能自主干活，展现团队硬实力，而李四能主动和客户交流，展现团队软实力。两人搭档，相得益彰。

表 4-3和表 4-4是团队组建过程中比较重要的两张表格，从结构化的角度来讲，这两张表格都是按照属性进行分类的，先分成技能属性和行为性格属性，再把每一属性纵向向下进行更细致的分类。类似的依据属性分类的结构化拆分，我们在后文职场篇中还会提到。这样的拆分并不包含任何的逻辑关系，完全是根据对象的属性和特点来分类的。

小结

这一节，我们学习了如何组建创业团队，我们知道高效团队最为重要的一点是互补。团队成员之间的技能互补可以弥补单个人技术上的短板，而行为性格的互补可以弥补单个人的性格或行为的缺陷，大大增强了团队的工作能力。

在进行团队组建过程中，先确定岗位所需的技能与行为性格，再根据这些分类项对面试者进行打分。这种结构化的思维方式，可以帮助你在茫茫应聘者中迅速精准定位到合适的人选。

读者可以尝试使用该方法，结合以前的创业想法，考虑一下应该建立具备哪些技能和行为性格属性的团队。

作业

1. 如果你是一名在校生，正有团队竞赛或者创业的打算，建立类似表4-3的技能需求表。

2. 如果你是一位职场人士，正在组建一个项目团队，建立类似表4-3的技能需求表。

本章结束语

本章主要讲了如何利用结构化思维对创业计划进行宏观的战略分析、中观的态势分析，以及如何组建高效和谐的创业团队。学习了以并列结构拆分的PEST分析模型、以对立关系拆分的SWOT分析法以及依据不同属性进行拆分的两张团队组建技能表。

掌握本章内容后，你对自己的创业想法应该有了比以往更清晰的认识了吧，即使自己由于种种原因无法投身于创新与创业，但也可以把这些方法传授给正在努力实现创业梦的人，特此授予"创业帮主"的称号。

Part 2

生活篇

本篇主要介绍大学生在生活娱乐活动中最常见的应用场景：购物和旅行。通过讲解在这两个场景下思维导图的具体应用，用来掌握如何使用结构化思维和思维导图使我们的生活和娱乐更有条理，在面临选择时更理智。读者可以边看书边结合自身的情况同步制作导图，来加深自身的理解。

第五章

淘宝达人

本章主要讲解利用结构化思维来进行购物，主要内容包括采购清单、网络购物和应对选择困难症等。我们将学习一些个性化的结构分类，包括根据事物属性分类来帮助自己整理购物清单，提高在超市购物的效率；根据个人需要的分类，帮助自己找到符合自己需求的商品，以及利用层次分析法来帮助我们在众多的选择中找出自己最中意的商品，彻底克服选择困难症。

思维导图软件MindManager仍然是学习本章内容的一个重要的计算机工具，一些广受好评的应用模板也将得到介绍。同时在应用层次分析法时，我们会使用另一款免费的软件Yaahp。

第一节
采购清单

无论是住宿的学生还是全职的主妇，每隔一段时间都会去超市或购物中心"补货"。但是超市很大，东西很多，往往逛着逛着就不记得我们想买什么了，回到家或宿舍才想起来，打算买的没买到，计划外的却采购了一堆，虽乐趣满满，但到月末算一下零用钱或家庭预算结余，却再也乐不起来了。

因此，我们会发现很多家庭主妇会在冰箱上贴一张采购清单，平常发现缺少什么了，会在清单上记录下来，去超市时带着清单，买到一项，打个钩，就不至于购物时遗漏了。

学生们也可以效仿。大多数大学生由于平常需要上课学习，离开校园去购物中心的时间较少，通常都只在周末才去超市，因此，如果购物时遗漏掉想要购买的物品，可能需要等上一周的时间。如果把想要购买的物品记录在自己的购物清单里面，则会避免这种情况出现。

但是简单的记录也会出现问题。我们的记录是按照时间顺序来的，今天想到什么就记录什么，明天再想到什么，按顺序就在便签上一条内容的下方添上。而在超市购买时，物品是分类别摆放的，如果简单按照原始的采购清单来购买，那么会不断地在几个购物区来回跑，大大地浪费了时间。对于忙于家务的主妇以及忙于学习的学生来说，这样太耗费时间了。

因此，在做采购清单时，如果我们是按照超市商品摆放分类的形式进行记录，则在购物时就可以节约不少时间。在每一个分类下，可以按照时间顺序来添加。

图5-1是一张简单的购物清单。主题就是某一周的采购商品，把该主题根据超市的摆货分类，从横向结构上分成了园艺、家居清洁、美容洗护、食品、饮料和水果6个部分。你平常想到缺什么，就把需要购买的物品补充在相应的子主题内，避免了由于不分类导致的在购物清单内既有香蕉、西瓜，又有营养土、洗洁精这类超市内跨区域摆放的物品。

Part
2

生活篇

第五章 淘宝达人

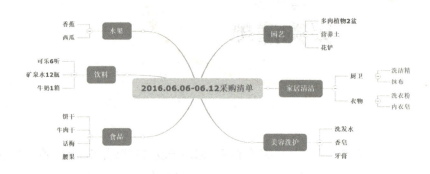

图5-1 结构化的购物清单

我们讲过，金字塔结构的横向关系划分，并不一定需要有逻辑关系的支撑。根据物品属性进行横向结构的划分与归类不仅自然、接受度高，而且相较于普通的采购清单更清晰。去超市购物时带着这样的一份清单显然更有针对性，减少了不必要的寻物时间。

小结

这一节比较简单。我们介绍了如何根据事物的属性进行归类，把原本杂乱的采购清单，按照超市摆放规则进行分类，使得购物的针对性更强，花费时间大大减少，同时也不会造成遗忘购买的情况出现。

作为一种非逻辑关系的横向结构划分，根据物品属性来分割横向关系，普通人接受起来要比依靠逻辑关系的分类更自然。

读者可以在日常生活中养成归类记录采购清单的习惯。一个简单的习惯将减少很多不必要的麻烦，无形之中提高了效率。

作业

为下周的采购制定一份清单吧，并根据这份清

结构思考力——用思维导图来规划你的学习与生活（慕课版）

单，制作一份MindManager的采购清单模板。

如计算机，通常的一些参数就包括类型、CPU、内存、硬盘、显卡和显示器等。在各个配件下，再建立下一级子主题，分别添加每个配件常见的配置参数。建立好导图后，在每一个配件下，挑选你能接受的配置参数子主题，添加好填充色，当全部完成后，把所有填充后的配件配置拿出来，就是一份完整的配置单了。

由于现在各个网站上都有类似的筛选项（见图5-2），因此我们很容易就能得到商品的主流划分，随后在每个分类内进行选择，把注意力和考虑的要点都集中在一个分类内，可以避免自己在大量的参数中迷失，买到不合适的商品。

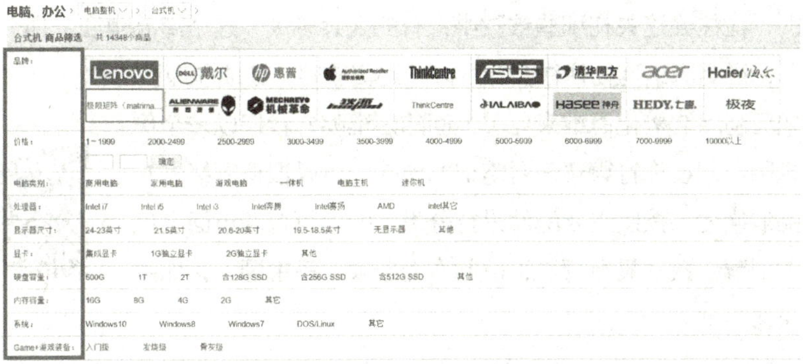

图 5-2　购物网站上的筛选项

这种根据商品的参数进行的横向结构分类，和上一节根据事物属性分类是一样的。熟悉网络购物的读者，应该可以非常迅速地掌握本节的内容。

随着淘宝、京东等互联网购物平台的慢慢兴起，网络购物因其便利性以及商品种类的丰富受到了越来越多人的欢迎，纷纷加入"网购一族"。

网络上的商品虽然丰富，可也带给我们一个困扰，到底该在那么多的商品里如何选择呢？有的人会抱怨"那么多的参数，看不过来"，说明人们在选择商品时，往往会迷失在那些参数中；有的人会感慨"这个商品也要，那个商品也要"，说明网络购物往往会激发人的购买欲望，造成非理性购物。

如何利用结构化思维来克服上面的困难呢？我们以一个例子来说明。假设你打算买一台笔记本电脑，可以根据网络上对于商品的描述，按照主要配件进行分类，随后再查阅市面上该配件的配置参数一般有哪些，以此作为选项（子主题），如图5-3所示。

图 5-3 购买笔记本电脑

小结

　　这一节的分类，和上一节类似，是按照事物的属性进行分类，随后根据自己的意愿进行选择。这样结构化分类的好处是在购买商品的时候，能让自己的注意力集中在商品的某个属性上，真正考虑清楚自己的需求和商品属性是否匹配，避免出现买到不适合自己的商品。

　　读者可以在网络购物时使用这样的结构分类，特别是对于一些大件的购买，尝试做一下这样的导图。除了实物商品以外，现实中还有很多虚拟物品的购买，例如，时下很多大学生会购买在线课程进行学习，同样可以使用这样的分类帮助选择。

作业

　　"剁手党"们，请根据本节所学的结构划分，制作一份网络购物选择的导图，成为一名理性的购物者。

Part
2

生活篇

第五章　淘宝达人

第三节
选择困难症

通过"网络购物"一节，我们使用思维导图明确了我们心目中理想商品的基本属性，但是图5-3导图得到的结果是选购一台CPU是I5以上、内存8G或以上、硬盘SSD2 56G或以上、显卡是核心显卡或以上、显示器大小为21英寸或以上的一体机。

这个结果离购买商品其实还相差一步，因为在市场上，同时满足这个条件的电脑可能有好几个品牌，上面的思维导图还不能具体到确定买哪一款。因此还需要借助其他的方法，才能帮助我们"治愈"选择困难症。

层次分析法

层次分析法（Analytic Hierarchy Process）就可以用来解决这个问题。它是在20世纪70年代中期由美国运筹学家托马斯·塞蒂（T.L.Satty）正式提出，是一种定性和定量相结合、系统化、层次化的分析方法。由于它在处理复杂的决策问题上的实用性和有效性，很快在世界范围得到重视。它的应用已遍及经济计划和管理、能源政策和分配、行为科学、军事指挥、运输、农业、教育、人才、医疗和环境等领域。

听上去非常复杂且高大上，背后还用到了不少数学，然而借助于一款免费的层次分析法软件Yaahp我们可以非常快速地得到最后的决策结果，不用理会任何其中的数学。下面我们借助Yaahp软件[1] 和购买笔记本电脑的例子学习如何使用层次分析法来做决策。

1　该软件是一款免费的软件，下载和安装的过程可参看慕课课程。

结构思考力——用思维导图来规划你的学习与生活（慕课版）

层次分析法的第一个步骤是建立层次结构模型。一个复杂的多目标决策问题作为一个系统，将目标分解为多个目标或准则，进而再分解为多指标的若干层次。例如，把购买笔记本电脑作为目标层，选择的准则按照配置、价格和品牌3个因素进行划分。在每个准则因素下，再进一步细分，如把配置因素分成CPU、内存、硬盘、显卡和显示器5项；把价格因素分成售后服务和支付价格两项；把品牌因素分成网站评价与公司知名度两项。最下面一层叫做方案层，是具体打算购买的计算机型号和产品，这里列出了3台，换句话说，你将在这3台笔记本电脑中选择其中一台进行购买（见图5-4）。

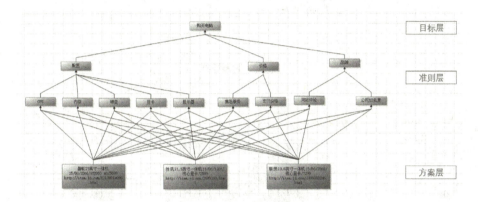

图5-4 建立层次结构模型

当建立好层次结构模型后，下一步是构造判断矩阵。通常我们如果需要同时比较3台笔记本电脑的各项指标的话，是一件比较困难的事情，如在A、B、C 3件商品里，要你讲清楚你喜欢A比B和C要多多少，是有点难度的。而层次分析法构建判断矩阵简化了这种比较，我们只需要做两两的对比。例如，我只需比较对于"硬盘"这个准则，"磐蛇电脑"比"联想电脑"更好，而不需要在总体上考虑。因为总体考虑往往会顾此失彼，而限定小范围内的比较，更能想清楚。

把软件调整到"判断矩阵"——可以输入各项准则的判断矩阵（见图5-5）。例如，先选择"购买电脑"，调出一级准则层矩阵，点选矩阵内的单元格，如配置对品牌单元格，再在右方区域选择该单元格的值，此处在靠近品牌处点选"十分重要/有优势"。说明，你认为在购买笔记本电脑时候，品牌比配置有优势，且占十分重要的地位。可以发现，单元格此时的值为1/6，这是品牌对配置"十分重要/有优势"的赋值。依次可以给矩阵内的其他单元格进行赋值。

图5-5　判断矩阵

图5-6　判断矩阵一致性检验

在赋值时，软件会自动判断矩阵的一致性。所谓一致性，就是你在做两两比较的时候，这个比较是否具有逻辑上的统一。如你认为品牌比配置重要，且配置比价格重要，此时你如果再选择价格比品牌重要，则逻辑上不具有一致性。做两两比较可以简化我们的思考过程，但是有时候会出现这种判断上逻辑不一致的情况，软件上会突出显示不一致的单元格的颜色，提醒你修改你的判断（见图5-6）。当完成修改后，再使用同样的方法完成其他准则的判断矩阵。

最后选择上方的"计算结果"就自动出现了最后的方案。图5-7中下画线部分代表的是方案层中的3个类型的笔记本，后面的4位小数，就是根据你对每项参数做的两两比较后，得到的最后权重。这3个数字的和为1，数字越大代表根据你的判断设定，你会选择该方案的概率越大。现在看来购买联想23.8英寸一体机是结合所有准则与判断后得到的最终购买方案。

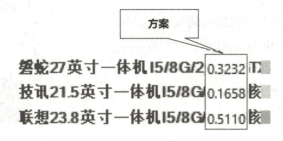

目标：购买笔计本电脑

方案

磐蛇27英寸一体机I5/8G/2 0.3232 T...

技讯21.5英寸一体机I5/8G 0.1658 该

联想23.8英寸一体机I5/8G 0.5110 该

图5-7　层次分析法结果

层次分析法通过层层的分类，把目标依次划分为一级准则、二级准则，最后再细化到具体的方案。这样的分类方法和金字塔原理的立体式结构是完全一致的。运用该方法解决你的选择困难症就相当于在使用结构化思维来解决困难。读者可以想想层次分析法还能运用在生活的哪些方面。

小结

这一节，我们主要学习了层次分析法（AHP），根据该分析法的具体应用可以发现，层次分析法是结构化思维的"量化"版本。通过层层的分类，把目标依次向下划分为一级准则、二级准则等，最后细化到具体的方案层。通过对每一个准则各种方案之间两两对比构建判断矩阵，最后选出决策结果来。

层次分析法可类似地应用在任何需要从备选方案中做出选择的情况。在做决策时使用层次分析法，不仅仅是结构化思维的具体应用，更用到了数学这样的工具，使得最终的结论更理性、客观，说服力也更强。

读者可以尝试对最近计划的购物应用层次分析法进行决策。

作业

1. 根据最近的购买计划，使用Yaahp软件，建立一个包含两层准则层的模型，使用层次分析法得到决策结果。

2. 选出几条自己向往的旅游线路作为备选方案，使用Yaahp软件，建立准则层，使用层次分析法得到决策结果。

3. 各位读者脑洞大开，想想层次分析法还能应用在你生活的哪些方面?

本章结束语

本章主要讲解了利用结构化的思维制定采购清单和购物的选择。在做结构化的划分时，可以利用事物本身的属性进行自然的分类。同时在做决策时，我们学习了结构化思维的"量化"版本——层次分析法，利用免费的层次分析法软件Yaahp轻松地得到最终的决策结果。

掌握本章内容后，读者应该能具备理智购物的能力，避免盲目消费，真正称得上是一位"淘宝达人"。

第六章

资深驴友

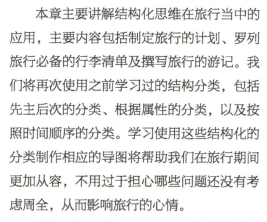

本章主要讲解结构化思维在旅行当中的应用，主要内容包括制定旅行的计划、罗列旅行必备的行李清单及撰写旅行的游记。我们将再次使用之前学习过的结构分类，包括先主后次的分类、根据属性的分类，以及按照时间顺序的分类。学习使用这些结构化的分类制作相应的导图将帮助我们在旅行期间更加从容，不用过于担心哪些问题还没有考虑周全，从而影响旅行的心情。

思维导图软件MindManager仍然是学习本章内容的一个重要的计算机工具，同时我们也将会接触一些广受好评的应用模板。在学习时，可以结合最近的旅游计划或者打算将来游览的旅游胜地进行练习。

第一节
旅行计划

随着航空、高铁等交通工具的发展，曾经"奢侈"的旅行现在已经变得非常普通。对于时间充沛的大学生而言，大学四年更是旅行的好时光，有体力、有时间，精打细算穷游一番别有乐趣。上班族虽然受限于工作，但是随着小长假及带薪年假等福利的推广，旅行的计划与安排也会变得越来越从容。

谈到旅行，大致可以分成两类，一类是自由行，一类是跟团游。选择自由行的人崇尚个性、自由，希望自己掌控行程：吃饭根据环境确定，丰俭由人；住宿根据能力选择，贵贱由己；时间根据条件安排，停留随意；路线根据喜好规划，私人定制；交通根据财力决定，快慢有别。但有时自助游往往会因为游客的计划不周而导致各种麻烦，个性与自由在杂乱无序中变得一文不值。而选择跟团游的人崇尚简单、安稳，每到一处有人安排，每到饭点有人点菜，虽做了甩手掌柜轻松自得，却也因此少掉了一份自由，感觉处处受限。

如果有一份翔实的旅行计划，让喜爱自助游的人做到计划周全、忙而不乱，把旅行的精力花在游览名胜古迹、了解风土人情之上，而不必把心思放在担心旅途中可能发生的各种情况之上。如此一来，选择跟团游的人们想必也会乐得选择自由行。利用我们在"论文计划"中学过的"先主后次"的结构化思维，就可以制作出一份这样的旅行计划。

首先需要明确，一份完整的行程计划需要包括哪些信息。我们以较为复杂的国际旅行为例来说明这个问题。一份行程计划的要素包括保证出发到达、明确目的地浏览及返程的信息。这就是这份计划最主要的部分，毕竟有了这些信息，哪怕浏览不尽兴，至少也能"到此一游"且安全返回。

因此根据先主后次的结构划分，在建立导图时候，可以先根据出发前、出发信息、目的地及返程信息建立导图。如果有多个浏览目的地，可以依次把目的地信息添加进导图。

图6-1把签证、机票、行李、现金等一些最重要的信息放

在了"出发前"子主题下；日期、时间、航空公司、航班号和确认号码放在了来回两次的行程信息下；把目的地的交通、酒店和景点信息都放在了"目的地"子主题下。可以发现，只要拥有这些信息，至少能确保你准点出发、按时到达、无忧人住等事项。基本把一次旅行当中最主要的信息抓住了。

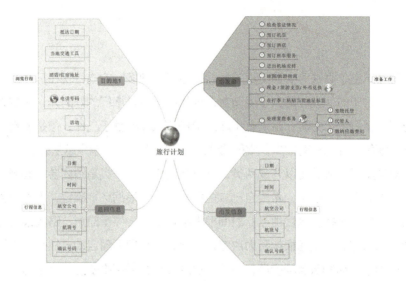

图6-1　含主要信息的旅行计划

当完成主要部分的结构后，接下去可以完善次要部分的信息。这些"次要"的信息并非不重要，事实上旅行的质量高低完全体现在这些"次要"的地方。例如，可以在目的地中加入天气信息以便在天气变恶劣前选择备用行程等。常见的一些"次要"信息包括租车、风土人情、紧急事务求助和当地信息汇聚等（见图6-2）。

国外的发达国家公路系统较为完善，自驾出行非常普遍，因此租车信息往往是"次要"中的首选。此外，事先查阅一些资料了解当地的风土人情，譬如宗教、历史、民族、语言、风俗习惯等，不仅对于游览景点有帮助，在和当地人交流时也更

容易获得对方的认可和帮助。紧急事务求助信息虽然有可能用不到（希望不会用到），但保留在计划导图中，给人增添了一份安全感。当地信息更新，可以利用"文献整理"那节所学的RSS来订阅当地的新闻，因为有时候在你预定好行程和出发之前，可能当地会出现一些不稳定的因素，如传染疾病、武装冲突

等，那么第一时间知晓这些信息可以帮助你及时更改行程，而不至于陷于被动的局面。

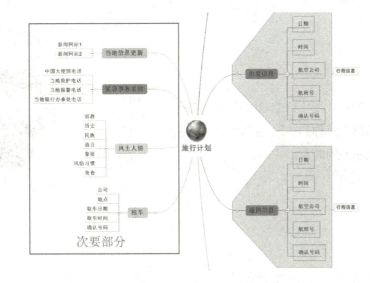

图 6-2　含次要信息的旅行计划

此处所列的信息仅为举例使用，不同的旅行可能所需要的"次要"信息会有所不同，或者真正的旅游达人还有其他珍藏着的"秘笈"。总之，我们在制订旅行计划时，先把行程的"主要"部分列出来，确保旅行的完成；再把行程的"次要"部分列出来，确保旅行的舒适及更好的体验。

"先主后次"的结构划分，非常适合兼具完美主义和焦虑性格的人。当我们对计划毫无头绪时，往往无从下手制订计划，因为刚落笔就会因为自己的完美主义性格而否定自己。而"先主后次"的结构，就是让自己的焦虑性格充当先锋，完美主义暂且退居二线，先制作一份刚好合格不够完美但完全够用的计划。当完成主要部分后，焦虑得到缓解，此时再请完美主义性格站上前台构建"次要"部分——完善计划。

小结

这一节，我们继在"论文计划"后再次使用了"先主后次"的结构划分，并且使用该结构制订了一份基本信息完整、附加信息丰富的使人安心、放心的旅行计划。

读者可以使用"先主后次"的结构划分，给自己制作一份假期的旅行计划。对于没有假期的上班族，别灰心，就给自己制作一份出差计划吧。

作业

制作一份旅行计划，目的地可以选择实际计划的，也可以选择你向往已久的地方，甚至可以选择下次出差的地方。

第二节
行李清单

上一节，我们利用"先主后次"的结构划分对旅行的行程做了细致的计划。在旅行出发前的准备工作中，有一项工作是至关重要的，那就是整理物品。在旅行中，如果发现自己忘记携带了一些必需品，会给自己愉快的旅途带来极大的负面情绪，有时候甚至会造成整个行程的中断。因此，准备一份出行物品清单，在出发前仔细核定清单上的物品是否带齐，是出发前必做的一件事情。

说到列清单，大家可以回忆一下在第五章第一节——采购清单一节中，我们列的一份采购清单。当时我们采用的结构化划分所依据的是物品的属性。而在列行李清单的时候，我们同样可以据此做出划分，非常方便与实用。

在图6-3中，我们把所有的行李根据物品属性划分成了五类，分别为相关资料、数码产品、洗漱护肤用品、衣物及杂物。并且在每件物品前，都添加了一个"任务信息"，每整理完一件物品，放入行李箱，就可以打钩记号，以免重复整理。

这是我们再一次使用根据物品属性分类做的横向结构划分，相信不少经常出远门的读者本身也有一张出门前的行李清单，甚至做得比图6-3的分类更科学。其实，我们很多人在日常生活中都不知不觉地在应用结构化思维处理事情、解决问题。本书的一个主要目的就是让大家对结构化思维的认识更显性化，唤醒大家本身就在使用的结构化思维，促进大家思考，同样的做法还能应用到生活和工作的其他哪些方面？

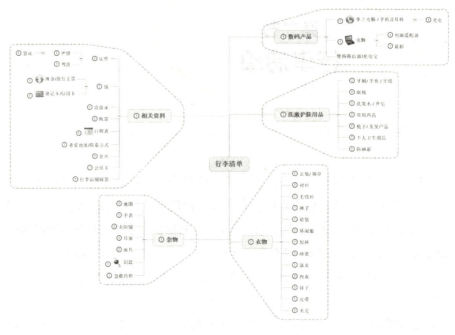

图6-3　行李清单

小结

　　这一节比较简单。我们再次使用了根据事物属性分类的结构化划分，对行李物品进行了分类。这样的分类提高了整理行李的效率，不会出现遗漏物品，也不会出现重复整理的情况。

　　读者可以先列出旅行的行李清单，并制作成MindManager的导图模板，以后每次出差或者旅行前就可以直接拿来使用。

作业

　　列出旅行的行李清单，并制作成MindManager导图模板。

结构思考力——用思维导图来规划你的学习与生活（慕课版）

第三节
旅行游记

　　去各种不同的地方旅行，可以看到不同的风景、了解不同的风土人情，对于一个人阅历的增长很有帮助。而把旅行之中的所见所闻记录下来，若干年后再拿出来翻翻，真是满满的回忆。

　　现在的人们由于电子产品的大量使用，虽然接受的信息量越来越多，但是读写大段文字的机会却少了很多，一般人也不太愿意写文章，觉得在旅游当中还要写大段文字，是个负担，影响了旅行的心情，所以最多就拍拍照片，留个纪念。

　　那么如何轻松地撰写旅行游记呢？利用结构化思维制作导图，就比较容易做到了。我们可以参考游记中的"祖师爷"——明朝万历年间的著名旅行家徐霞客的《徐霞客游记》，该书是以日记体为主的著作。所谓日记体，就是按照时间顺序写的，这样的写法非常自然，不必刻意去组织、分类，但却非常容易引起共鸣，因为我们每个人的"时间"都是相同的，按照时间顺序分类的游记阅读起来，会非常有代入感。

　　图6-4是一份根据每日行程制作的游记，没有大段文字，却包含了相当多的信息量。导图的第一级别主题按照四日的行程自然分割成了4个，在每日行程中，再根据时间顺序分割上午、下午与晚上，非常清晰。具体再下一级子主题则包括那个时间段游览的景点、饮食、交通、住宿与一些简单的心情短语。

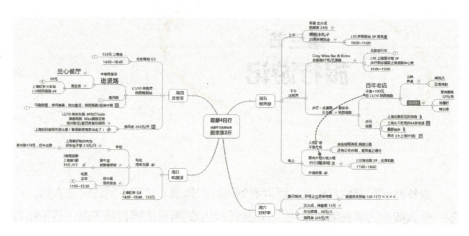

图 6-4　结构化的游记

除此之外，导图还通过加入外部链接的形式丰富了游记的内涵与深度。比如，可以添加以下内容。

1. 在景点主题处添加了网页链接，对其历史进行注释。

2. 在景点主题处添加了微博和微信链接，记录游览景点时的心情随笔。

3. 在景点主题处添加了景点的照片。这里要注意的是，由于在一个景点往往会拍好多照片，此处添加照片不应该是添加图片，而应该把照片制作成在线相册的形式，在景点主题处添加相册的网络地址即可。

4. 在景点主题处甚至可以添加自己拍的风景MV链接等。

5. 发挥你的想象，添加更丰富的内容。

按照时间顺序划分

按照时间顺序划分是一种非常自然的横向结构划分。按照事物发展过程的先后来展开划分，可以使读图者一目了然。

通常一天内的划分可以遵循例子中的上午、下午和晚上。更细致的划分也可以分为凌晨、破晓、早上、上午、中午、下午、傍晚、晚上、半夜和午夜。划分的细致程度取决于这件事项的复杂程度。如果事项复杂、流程众多，那么分得仔细可以让读图者了解得更清晰；反之如果事项简单，则不必分得过细，否则反倒容易造成读图者的困扰。除了把一天的时间进行分割划分，还可以分割更长周期的时间，如一年，按照季度或者月份来分类。

除了直接挑明时间的分类，还可以隐晦地按照事项的进展来分类。比如中学课本中有一篇《景泰蓝的制作》就是典型的按照时间为序的说明文，如果把该制作过程制成导图，则可以以其中的制作工序来分类即"做胎——掐丝——烧制——点蓝——烧蓝——打磨——镀金"，这种按照制作顺序的分类本质上也属于按照时间顺序进行分类。只不过这样隐晦的分类，读图者必须是相关行业的从业人员，普通的外行未必能看得懂。

小结

这一节，我们主要学习了按照时间顺序或事项进展顺序进行金字塔中横向结构的划分，把游记按照每天的行程记录下来。这样的划分自然且容易引起读图者的共鸣，具有较强的代入感。

读者可以使用时间顺序的结构划分，记录自己最近的一次旅行游记或者是出差的情况。

作业

1. 利用时间顺序的结构，制作一张最近一次旅行的游记导图。

2. 思考一下，你有哪些事项可以通过按照时间顺序的划分提高办事效率，并据此制作一份相应的导图。

Part 2

生活篇　第六章　资深驴友

101

本章结束语

　　本章主要讲解了利用结构化的思维制订旅行计划、列行李清单和写游记。我们复习了"先主后次"的结构划分以及按照事物属性分类的划分，同时在学写游记时，我们学习了如何按照时间顺序进行横向结构的划分。

　　掌握本章内容后，读者应该能自如地安排自己的旅行（或出差），并且记录好旅途中的所见所闻，真正成为"当代的徐霞客"，特此颁发"资深驴友"证书。

Part 3

社交篇

本篇主要介绍大学生在社交活动中最常见的应用场景：派对活动和情感生活。通过讲解在这两个场景下思维导图的具体应用，来分析如何使用结构化思维和思维导图使我们在社交场合中左右逢源、举重若轻。读者可以边看书边结合自身的情况同步制作导图，来加深理解。

第七章

派对盟主

本章主要讲解结构化思维在社交活动当中的应用，主要内容包括认识学校的组织机构和举办团体活动。我们将学习同时包含多类结构的混合分类的导图，如先并列后层递的组织机构图，以及多层次基于WBS工作分解的举办团队活动的导图模板。学习使用这些结构化的分类制作相应的导图将帮助我们在社交场合办事更有章法与针对性，处理事情更有效率。

思维导图软件MindManager仍然是学习本章内容的一个重要的计算机工具，然而可能你已经过了30天的免费试用期，因此我们从本章开始，还会教你使用一些免费的在线导图制作工具——Process On和百度脑图等制作思维导图。在学习时，你可以结合所处的社交环境进行模拟练习。

第一节
熟悉组织

大学生活的丰富多彩除了体现在那些有趣的课程之外，最有意思的就是参加社团或者学生会了。在社团里可以结识不少有相同兴趣爱好的朋友，锻炼自己的交际能力；在学生会里可以参加或组织各类活动，提升自己的组织与沟通能力。然而，无论是在社团还是学生会内办事，必不可少地需要和学校的各个部门打交道，如申请借体育馆半天办个活动，可能需要学生处、体育系、团委等好几个部门的盖章同意，甚是麻烦。如果不清楚办事流程或者对各个部门所管理的事务不熟悉，那么办起事来就会颇费周折。

因此，对于刚到学校的学生或新单位的员工而言，首要的任务就是了解该单位的组织架构。了解组织架构的方式就是看该单位的组织架构图。

组织架构图

组织架构图是最常见的表现雇员、职称和群体关系的一种图表，它形象地反映了组织内各机构、岗位上下左右相互之间的关系。从结构上讲，组织架构图是自上至下、可自动增加垂直方向层次、以图标列表形式展现的架构图（见图7-1）。

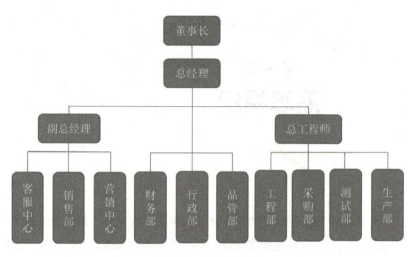

图 7-1 组织架构图

其实，组织架构图并不是一个固定的格式，每家单位会根据自身情况制定具体的个性组织架构图。最常见的架构类型就是金字塔型结构，这和我们结构化思维讲的金字塔结构非常类似。金字塔型的架构图也分好几种。

第一，直线制。直线制组织结构是一种最早也最简单的组织形式。它的特点是企业各级行政单位从上到下实行垂直领导，下属部门只接受一个上级的指令，各级主管对所属单位的一切问题负责。厂部不另设职能机构（可设职能人员协助主管工作），一切管理职能基本上都由行政主管自己执行。

直线制组织结构的优点是结构比较简单，责任分明，命令统一。缺点是它要求行政负责人通晓多种知识和技能，亲自处理各种业务。这在业务比较复杂、企业规模比较大的情况下，把所有管理职能都集中到最高主管一人身上，显然是难以胜任的。因此，直线制只适用于规模较小、生产技术比较简单的企业，对生产技术和经营管理比较复杂的企业并不适宜。

第二，职能制。职能制组织结构，是各级行政单位除主管外，还相应地设立一些职能机构，如在厂长下面设立职能机构和人员，协助厂长从事职能管理工作。这种结构要求行政主管把相应的管理职责和权力交给相关的职能机构，各职能机构就有权在自己业务范围内向下级行政单位发号施令。因此，下级行政负责人除了接受上级行政主管指挥外，还必须接受上级各职能机构的领导。

职能制的优点是能适应现代化工业企业生产技术比较复杂、管理工作比较精细的特点，能充分发挥职能机构的专业管理作用，减轻直线领导人员的工作负担。但缺点也很明显，它妨碍了必要的集中领导和统一指挥，形成了多头领导；不利于建立和健全各级行政负责人和职能科室的责任制，在中间管理层往往会出现有功大家抢，有过大家推的现象；另外，在上级行政领导和职能机构的指导和命令发生矛盾时，下级就会无所适从，影响工作的正常进行，容易造成纪律松弛、生产管理秩序混乱等问题。由于这种组织结构形式明显的缺陷，现代企业一般都不采用职能制。

第三，直线——职能制，也叫生产区域制。它是在直线制和职能制的基础上，取长补短，吸取这两种形式的优点而建立起来的。

这种组织结构形式是把企业管理机构和人员分为两类，一类是直线领导机构和人员，按命令统一原则对各级组织行使指挥权；另一类是职能机构和人员，按专业化原则，从事组织的各项职能管理工作。直线领导机构和人员在自己的职责范围内有一定的决定权和对所属下级的指挥权，并对自己部门的工作负全部责任。而职能机构和人员，则是直线指挥人员的参谋，不能对直接部门发号施令，只能进行业务指导。

直线——职能制的优点：既保证了企业管理体系的集中统一，又可以在各级行政负责人的领导下，充分发挥各专业管理机构的作用。其缺点：职能部门之间的协作和配合性较差，职能部门的许多工作要直接向上层领导报告请示才能处理，这一方面加重了上层领导的工作负担；另一方面也造成办事效率低。为了克服这些缺点，可以设立各种综合委员会或建立各种会议制度，以协调各方面的工作，起到沟通作用，帮助高层领导出谋划策。事实上，这种组织架构形式是目前绝大多数企业所采用的。

从思维结构的角度来看，直线制的划分是最"朴素"的导图，使用并列和层递的关系就可以构成；职能制的划分是添加了"关联"的导图，把上级行政负责人与下级行政负责人、职能机构领导和下级行政负责人分别用关联线连接；直线——职能制的划分，则是添加了"边界"的导图，把上级行政负责人、职能机构和下级行政人员使用边界线框起来（见图7-2）。

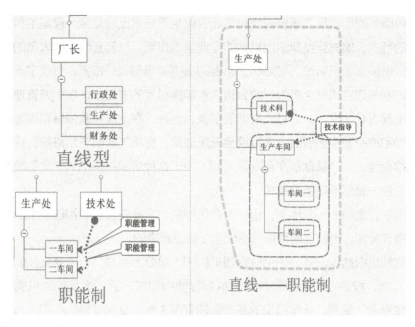

图 7-2　三类金字塔型组织架构图

利用MindManager制作组织架构图

　　学校的组织架构图通常在每所学校的网站上可以找到，大致分成教学部门、党政部门和教辅部门三块。每一块下分各类处室，类似于直线型架构，但同时会设置一些学术委员会等职能机构。

　　在MindManager中，可以直接生成组织架构图。在新建的空白窗口中，选择"设计"选项卡的"对象格式"功能区的"布局"下拉框，选择"组织状导图"随后使用普通导图的制作方法就可以建立一张组织架构图了（见图7-3）。

　　有了这张组织架构图后，我们可以进一步地把这些部门的职责、联系人信息、办公地点等填入相应的主题内以便查询。当全部完善好资料后，我们还需要把一些经常需要办理的事项的流程记录在导图里，以便将来使用。

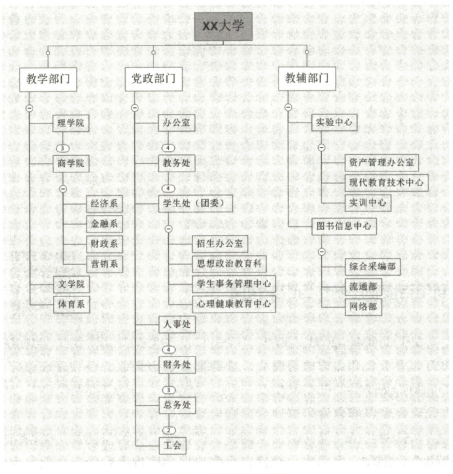

图 7-3　大学的组织架构图

我们以借体育馆为例，具体做法如下：在导图空白处双击建立"浮动主题"，命名为"借体育馆"。选择办事需要的部门，右键选择"复制为链接"，点击"借体育馆"，右键选择"粘贴"或直接按快捷键"Ctrl+V"即可（需要注意的是，MindManager在这里对中文支持不够好，但是由于是链接形式，所以并没有太大的影响），如图7-4所示。

拥有一所学校的组织架构图再配上事务流程是不是简化了很多事情？以后要办什么事情，对应地查一下就能明白这件事情需要哪些部门的批准。不会再一头雾水，无从下手了。

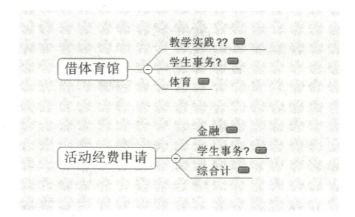

图 7-4 　建立流程

利用百度脑图制作组织架构图

由于MindManager是商业软件，只提供30天的免费试用期，因此，当你养成了结构化的思维方式习惯后，想要继续使用导图，一种选择是购买MindManager软件的正式授权；另一种办法就是寻求其他免费的替代工具。目前市面上确实有多款免费的在线导图制作工具。

本书从用户量（越多越好）和网络（境内网络）两个方面考虑，向读者推荐两个在线制图工具网站，分别为"百度脑图"和"Process On"。这里，我们先用"百度脑图"来建立和图7-3类似的组织架构图。

百度脑图（http://naotu.baidu.com/）的登录可以直接使用百度的账号，没有的话申请也非常方便。登录后直接在界面中点击"新建脑图"就可以新建一个空白的导图（见图7-5）。

图 7-5 　新建百度脑图

界面默认的外观是"天空蓝"的"思维导图"。可以在"外观"选项卡处选择"组织结构图"和你想要的其他配色方案（见图7-6）。全部调整好后，就可以仿照图7-3的内容在百度脑图中构建组织架构图了（如果想构建和图7-3一模一样的图，则在外观处选择"目录组织图"）。值得一提的是，脑图中的快捷键和MindManager中的快捷键很多都是一样的。

此处可选择其他配色方案

组织结构图

图 7-6　调整外观及配色方案

做完后的效果如图7-7所示。可以发现和软件做的效果差不多。在百度脑图中同样也可以像MindManager那样添加图片、备注及外部链接。虽然功能可能比不上单机版的软件，但是这类在线版的导图制作工具的最大优点就是使用完全免费，且可以实时保存（一点都不用担心在制图过程中突然死机）。此外，百度脑图还可以非常方便地把制作好的导图以超链接的形式在线分享给别人。

Part

3

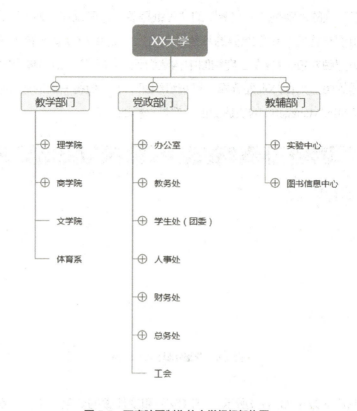

图 7-7　百度脑图制作的大学组织架构图

小结

　　这一节，我们学习了混合式的分类。并列和层递关系是组织架构图的主要构成关系，这种金字塔型的组织结构关系和结构化思维的金字塔结构如出一辙，其中并列关系构成了组织架构的横向关系，而层递关系构成了组织架构的纵向关系。

　　这一节所学内容有着极其广泛的应用，掌握组织架构图的构造结构不仅能提高自己的办事效率，还能够帮助你迅速了解一家陌生企业的管理文化。

　　除了MindManager软件以外，我们还学习使用了免费的在线制图工具——百度脑图，制图效果不输给单机版的软件，且支持实时保存和在线分享功能。读者可以尝试使用百度脑图重新制作一下以前的导图，看看有哪些方面是百度脑图暂时还无法做到的。

1. 使用在线制图网站制作一份自己单位或者学校的组织架构图，并分享给别人。

2. 在百度脑图中的"外观"下面可以选择"鱼骨图"，请使用百度脑图重做第二章第四节——失败分析的作业。

Part

3

社交篇

第七章 派对盟主

第二节
举办活动

无论是社团还是学生会，都要定期举办学生的活动。而成功举办一次活动并非一件易事，首先需要撰写活动方案、预估活动预算、筹集活动经费，接着联系学校场地与审核、邀请参与人员，动员与培训工作人员等，活动时需时刻留心活动的情况，确保顺利，最后活动结束还要写感谢信、总结等。不仅流程周期长，而且内容复杂，牵涉的人和事也多，顺利举办一次活动，确实能提高一个人的组织能力和沟通协调能力，对于一个人全面思考问题也有极大的帮助。

其实无论是学生活动还是工作中举办的活动，都可以使用结构化的分类勾勒出活动举办的主要模块分类（第一层的横向结构），在每一个模块分类内再根据各种结构进行拆分（纵向深入），逐步细化到可执行的步骤。这类多层次的结构划分，就是金字塔型的结构划分。

图7-8是一张学生会迎新活动的思维导图。在第一层横向结构中，根据迎新活动准备工作的分工先进行分类，分成了目的、客人名单、场地、装饰、餐饮服务、流程、后勤、宣传与预算等9个一级子主题。

具体在每一模块（一级子主题）下，又进行了更进一步的分类。例如，在流程模块中，使用了按时间顺序的分类，把活动流程按照时间顺序分成了早晨、中午、下午、晚上与结束5个部分。有时候，划分不一定需要逻辑关系，只是事物的罗列，如装饰模块，由于需要的东西不多，只需要把需要用到的装饰品全部罗列出来就行了。但在某些时候，如果装饰品过多，则全部列出来既影响导图的美观，也不利于联系采购及验货，这个时候可以根据事物的属性进行分类，制图者可以根据实际情况灵活运用。

工作分解结构（WBS）

其实上述分解方法，在项目管理中有个专门的名称，就是工作分解结构

（Work Breakdown Structure），简称WBS。这个跟数学里的因式分解还挺像，具体而言，WBS就是把一个项目按一定的原则分解。首先把项目分解成任务，再把任务分解成一项项可执行的工作，接着把一项项工作分配到每个人的日常活动中，直到分解不下去为止，即项目→任务→工作→日常活动。

工作分解结构以可交付成果为导向，对项目要素进行分组，它归纳和定义了项目的整个工作范围，每下降一层代表对项目工作的更详细定义。WBS总是处于计划过程的中心，也是制订进度计划、资源需求、成本预算、风险管理计划和采购计划等的重要基础。

WBS分解的原则是将主体目标逐步细化分解，最底层的日常活动可直接分派到个人去完成，每个任务原则上要求分解到不能再细分为止，日常活动要对应到人、时间和资金投入。具体分解的方式可以有多种，包括按产品的物理结构分解、按产品或项目的功能分解、按实施过程分解、按项目地域分布分解、按项目的各个目标分解、按部门分解以及按职能分解，没有一定的要求。而图7-8迎新活动是一个较为简单的项目，简单地按照实施过程分解就能完成，对于较为复杂的项目，则需要更进一步的细分。

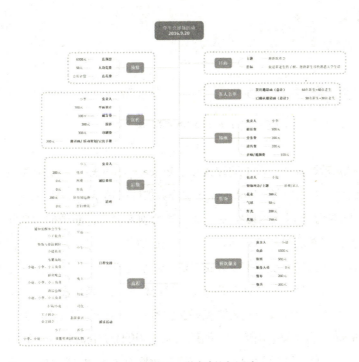

图7-8　学生会迎新活动

利用Process On制作导图

下面我们再使用另一款在线制图工具——Process On（https://www.processon.com/）来制作图7-8这幅图。Process On的使用非常简单，用户只需通过注册便可获得这项永久免费的服务，而且还没有任何广告。在新建文件界面中，可以看到它自带了四大类型的模板，分别为流程图、思维导图、原型图和其他图（见图7-9）。我们可以通过选中需要的模板来新建图表，或更方便的是直接把MindManager中做的导图在Process On里打开。

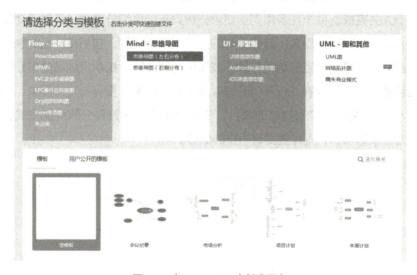

图 7-9 在Process On中新建图表

在图表的编辑界面中，我们可以发现，Process On相较于百度脑图具有更丰富的图标选择以及可以像MindManager那样添加任务信息（见图7-10）。

Process On除了可以像百度脑图一样分享给别人以外，最重要的功能是可以邀请协作者，在图表的左下方可以点击"邀请协作者"（见图7-11），选择你的好友或者工作伙伴一起来完成导图。这个功能是非常方便的，如你作为迎新活动的主负责人，负责预估活动总预算。这时候你需要请负责后勤的小王、负责场地和宣传的小李以及负责装饰和餐饮服务的小赵分别把他们负责那块的信息完善，把他们的预算报送给你。如果大家使用的是MindManager软件，则不仅需要你先把文件传送给他们，让他们填完数据再传给你。更重要的是，这些人都必须在他们的电脑上装有MindManager软件，这可是一笔不小的开销。而使用Process On，你可以直接在制图时邀请小王、小李和小赵成为该图的协作者，实时协作完成，提升了工作效率，而且更重要的是零成本。

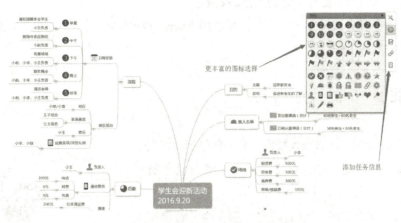

图7-10　利用Process On制作的学生会迎新活动图

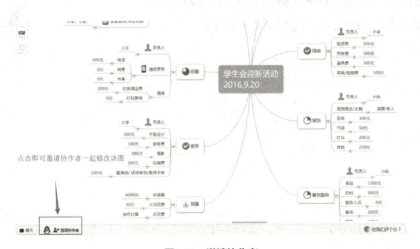

图7-11　邀请协作者

小结

这一节，我们学习了多层次的结构划分，在每一层次下，又可以根据不同的情况使用不同的划分原则。在情况简单时，不必分得过细，分得过细效率反而降低；在情况复杂时，通过分类可以提高效率的，则提倡分类。

此外我们还使用了另一款在线制图工具——Process On，它除了拥有和百度脑图一样的功能以外，还多了更丰富的图标选择以及模板样式。最为重要的一点是，使用Process On可以在多人之间协作完成导图的制作，大大减少了传输文件的时间，提升了协同工作的效率。

读者可尝试举办一次活动，并利用Process On制作一份导图帮助自己做好活动的准备工作。

作业

1. 组织一场家庭大聚会，邀请各位亲朋好友一起来参加活动，并为这次活动的准备建立一份导图。

2. 如果你在"创业帮主"那章中，着手完成了自己的创新或创意的产品，不妨自己计划组织一场简单的产品展示会，为此建立一份导图。

结构思考力——用思维导图来规划你的学习与生活（慕课版）

本章结束语

本章我们主要讲解了组织架构图和WBS工作分解结构。使用这些工具和方法可以让我们更快地熟悉一家企业的组织架构，也能帮助我们有条理地举办一场活动，提高我们在社交场合的工作效率。

掌握本章内容后，读者应该能自如地处理学校各类活动的操办事项，职场人士举办商务活动也会更顺手，特此颁发"派对萌主"证书。

第八章 心灵猎手

本章主要讲解结构化思维在情感生活当中的应用，主要内容包括描述自己的理想对象、如何挑选适合自己的另一半以及如何约会。不同于在之前章节中我们学习的拆分方法，我们将学习拆分的反向过程——归纳。同时，对比关系的拆分以及混合结构的分类也将使用到。此外我们还将学习一种新的图——雷达图。

尽管情感毫无疑问是由感性引领的，但是如果能在感性之中加入一丝理性，热恋之时加入一份冷静，也许生活会变得更美好。学习使用这些结构化的分类制作相应的导图将帮助我们明确自己的情感需要，规划一场浪漫的约会。

在线制图工具Process On和百度脑图在本章暂替MindManager出场。读者在阅读学习时，或可憧憬你未来的情感生活，或可回忆你过去的美好，或可看着身边最重要的那位，动手制作导图吧。

第一节
梦中情人

无论是在家庭聚会、同学聚会还是同事聚会当中，我们经常会被问及，你理想中的另一半应当具有哪些特点？这个问题看似简单，但如果不是平时总在思考这个问题的人，还真一下子说不出来。

再换一个具体点的问题问，你希望你未来的先生会哪些手艺？你希望你未来的妻子下班后在家做些什么？我想，对于这些问题，很多人都能脱口而出了吧。如"我希望他会修理所有的家用电器，还会修水管、粉刷墙""我希望他会烧一桌子的美味佳肴，还要会烘焙、煲汤""我希望她下班后会把家里打扫得干干净净""我希望她下班后会用花园里的园艺绿植把家里布置得绿意盎然"等，可能一下子可以说出五六句，还不带停顿的。

为什么我们对于前面的一个问题，有种话在口中却又说不出来的感觉，而对后面的问题却能脱口而出、不假思索呢？比较一下这两个问题就能发现其原因，第一个问题"你理想中的另一半应当具有哪些特点"，这是一个抽象的问题；第二个问题"你希望你未来的先生会哪些手艺"，这是一个具体的问题。

从哲学角度来看，人类的认知过程是从感性具体到思维抽象的过程，人类所有的知识通过外在的体验得到，最后转化为人们内在的经验。然而，这是一个过程，需要花时间来思考。大多数人都知道自己需要一个能修理所有家用电器、会烧一桌子美味佳肴的丈夫，也知道自己需要一个下班后把家里打扫得干干净净的、会用园艺绿植把家庭布置得绿意盎然的妻子的原因——这些描述都是感性且具体的，人类认识的第一阶段就是如此。而要说得出我希望我的另一半动手能力强、厨艺精湛、勤劳爱干净、生活有情调，这对平常不太想这些问题的人比较困难，因为"动手能力""生活情调"都属于从修修弄弄、布置绿植这些具体事情中抽象出来的，是人类认识过程的第二阶段。在这一阶段，人们对感知的材料进行理性的思考加工，去粗取精、去伪存真、由此及彼、由表及里，获取对事物内在的、本质的、规律性的认识。

据此我们可以受到启发，在和别人交流或者提问的时候，尽量问具体的问题，而非抽象的问题，因为大多数人在面对不熟悉的问题时，要在短时间内达到认识的第二阶段是比较困难的。当然，在学术交流的场合可能抽象的问题更普遍，但在日常社交场合问抽象问题，多半就会遭遇冷场，造成尴尬的局面。

回到我们找怎样的对象的问题。如果你打算贴出你的征婚启事，在要求那栏里该写具体的还是抽象的呢。我们来试着写写，看看效果如何。

某女写出以下择偶条件：

1. 月收入￥20000以上。

2. 一套市中心200m²公寓无贷。

3. 存款500万元。

4. 身高185cm以上。

5. 体重140~160斤。

普通人看到这个1、2、3点都要吓跑了吧，不仅如此，还会出言不逊，认为女方太过物质等等。因为写得太具体了，如果我们修改为以下内容。

1. 家境殷实。

2. 身材魁梧。

这样的描述是不是给人的感觉要好多了。这个择偶条件既恰当又得体，不会引来非议。最重要的是，抽象化的描述更适合用在正式场合或书面上，而具体的描述更适合用在非正式场合或口头上。

因此，如果当家人问你的择偶要求时，不妨先在纸上根据你的具体想法，逐条写出来，再合并同类项，把相关性较强的点用概括性的语句描述，形成抽象的条件（见图8-1）。

这类从具体到抽象的过程，是之前结构化拆分的逆向过程——整合与归纳。这种归纳和抽象的能力与拆分能力一样，也能帮助我们在工作和学习之中走向成功。例如，负责人事招聘的HR，当业务部门主管需要招聘员工并提出具体招聘要求时，可以把这些具体要求进一步抽象成适合发布的招聘启事。再如，负责教育的老师，当列出课程每一个具体的知识点后，可以通过合并相近的知识点抽象成对应的技能，又可以把技能抽象成一个人的某种能力，如此一来，一份以能力培养为方案的教学大纲就能形成了。

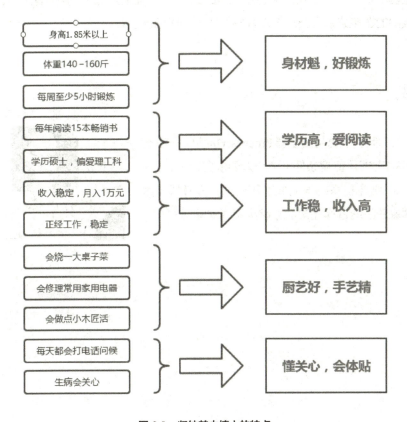

图 8-1　归纳梦中情人的特点

　　读者可以根据自己的情况，想想你能把整合和归纳类似地用在哪些其他方面？

小结

　　这一节，我们学习了拆分的逆过程——归纳。由于人的认识过程是从感性具体到思维抽象的过程，因此先列出对另一半的具体要求，再用思维抽象成较为正式的择偶要求，符合正常的认识过程。而这样的归纳不仅仅可用于勾勒梦中情人，最为重要的是，具备抽象的能力可以帮助我们在工作和学习上透过现象看清本质。

Part 3

社交篇　第八章·心灵猎手

123

我们使用了Process On的流程图模板制作了图8-1，具体制作过程可参考本书配套的慕课。大家可以尝试使用Process On勾勒出自己的"梦中情人"，并把该图的链接分享发布给亲朋好友，让他们帮你留心着。

作业

1. 使用在线制图工具Process On制作一份类似图8-1的图（择偶条件结合个人要求自设）。

2. 结合自身的学习或工作情况，思考从具体到抽象的归纳过程能帮助你解决哪些实际问题？

第二节
挑选情侣

当你把你的"梦中情人"肖像勾勒出以后，那些热心的亲朋好友就会照着这幅肖像给你物色和推荐他们心目中的合适人选了。那如何在众多人选中挑选出最符合你要求的人呢？对那些并不熟悉的相亲对象之间又该如何比较呢？

在第四章第二节——态势分析里，我们曾经讲过利用对比关系做结构化拆分，用到的方法是SWOT分析法。SWOT图把企业自身拆分成优势、劣势、机会和威胁四部分，把公司战略与公司内部资源和外部环境结合起来分析做对比。而现在我们希望比较一个人在多项条件里的表现，这时使用雷达图是个不错的选择。

雷达图

雷达图（Radar Chart）又称为蛛网图，通常被用作财务分析，将一个公司的各项财务分析所得的数字或比率，就其比较重要的项目集中画在一个圆形的图表上，来表现公司各项财务比率的情况，使用者能一目了然地了解公司各项财务指标的变动情形及其好坏趋向。

雷达图的具体绘制方法：先画3个同心圆，把圆分为5个区域（每个区域的圆心角为72度），分别代表企业的收益性、生产性、流动性、安全性和成长性。同心圆中最小的圆代表同行业平均水平的1/2值或最差的情况；中心圆代表同行业的平均水平或特定比较对象的水平，称为标准线（区）；大圆表示同行业平均水平的1.5倍或最佳状态。在5个区域内，以圆心为起点，以放射线的形式画出相应的经营比率线。然后，在相应的比率线上标出本企业决算期的各种经营比率。将本企业的各种比率值用线联结起来后，就形成了一个不规则闭环图。它清楚地表示出本企业的经营态势。把这种经营态势与标准线相比，就可以清楚地看出本企业与行业平均水平的优势和差距。

例如，在图8-2中，我们可以分析出该公司大致的财务状况：生产类的财务比率低于行业平均水平，流动性的财务比率和行业平均水平一致，收益性与安全性的财务比率比行业平均水平略高，而成长性方面的财务比率则接近行业最高水平。

如果我们根据图8-1的择偶要求，需要从一众相亲对象中选择适合进一步交往的对象，使用雷达图可以帮助我们迅速地从中挑出各方面出众的人选。下面我们来讲解如何在Excel中制作雷达图。

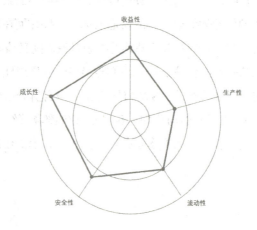

图8-2　财务雷达图示例

利用Excel制作雷达图

先打开Excel 2016，新建一个空白页面。在单元格中输入相亲对象的名字，以及其他一系列标准的印象分（此处以10分为满分，如图8-3所示）。

XXX印象分

身材魁，好锻炼	8
学历高，爱阅读	5
工作稳，收入高	6
厨艺好，手艺精	7
懂关心，会体贴	3

图8-3　输入印象分

选中输入的文字和分数，点击"插入"选项卡中的图表，在"所有图表"栏目下选择雷达图。点击"确定"即可（见图8-4）。

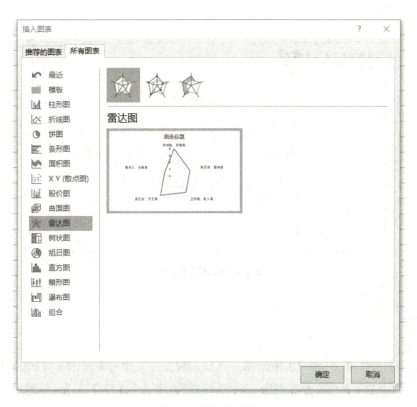

图 8-4　插入雷达图

随后再把默认的图表设置调整成自己喜欢的样式就可以了（见图8-5）。如果在雷达图上加上照片，则信息量就更大了。

当我们在短时间内同好多人相亲后，对每个人的印象可能都会模糊，甚至出现人名和印象串起来的情况，如果在每次相亲后都能打分建立一张雷达图，当某天你相亲超过10次，回过头来准备选择进一步交往的对象时，拿出一张张雷达图，是不是能顿时回忆起每个人的印象？孰优孰劣，每个人的优点、缺点是哪方面，一幅幅雷达图让你一目了然。

除了用于挑选情侣以外，雷达图能用于任何牵涉到多维度或多层次比较的地方。例如，人事主管招聘，对应聘人的各项条件进行打分，最后把一幅幅雷达图发送给业务部门，由业务主管定夺；再如，购买商品时，如果你分别从价格、品质、保修、款式、流行度5个角度来评判，那也可以建立某商品的雷达图，帮助你做购买决策。事实上，只要你想得到，可以在任何需要比较的地方使用雷达图。

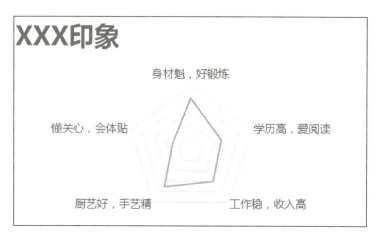

图8-5　XXX印象雷达图

小结

这一节，我们学习了雷达图，当我们需要在多个对象间做多层次的对比时，雷达图是一个首要的选择，它可以清晰地显示个体自身与总体平均水平的差距，显示其所处的地位。使用雷达图在相亲者中挑选进一步交往的对象，是一件比较理智的事情。不仅如此，在任何需要做多维度比较的情形下，雷达图都能较好地完成任务。

读者可以脑洞大开，好好想想雷达图还可以用在哪些方面帮助自己做决策。本节我们使用了Excel 2016内置的雷达图模板制作雷达图，几乎是一键完成。读者可以尝试使用Excel 2016制作自己决策所需的雷达图。

作业

结合自身情况，制定一个需要多维度比较的决策案例，并使用Excel 2016制作雷达图。

第三节
如何约会

本章先是利用归纳法勾勒出了理想中的"梦中情人"应具备的特点，再用雷达图进行"海选"，现在到了"收网"的时刻了。那么如何来策划或者安排一场浪漫的约会呢？

首先，必须了解对方的偏好与忌讳；其次，列出多种方案，并且评估每种方案对方可能的满意度，同时，在评估对方满意度时，要尽量考虑周全，把约会时可能出现的各种情况都要考虑进去；最后选择其中一个可能令对方最满意的方案实施约会。

刚才说的这个过程，其实有个专门的名称，叫作"决策树"。

决策树

决策树主要是用于从各种方案中挑出优选方案的决策过程，其中把决策过程各个阶段之间的结构绘制成一张箭形图，图像类似于一棵树的枝干，所以被称为决策树。

决策树的构成有4个要素，分别为决策结点、方案枝、状态结点和概率枝（见图8-6）。决策结点又叫方块结点，由该结点引出若干条细支，每条细支代表一个方案，称为方案枝；圆形结点称为状态结点，由状态结点引出若干条细支，表示不同的自然状态，称为概率枝。每条概率枝代表一种自然状态。在每条细枝上标明客观状态的内容和其出现的概率，通常还要在概率枝的最末梢标明该方案在该自然状态下所达到的结果（收益值或损失值）。这样，树形图由左向右、由简到繁展开，组成一个树状网络图。

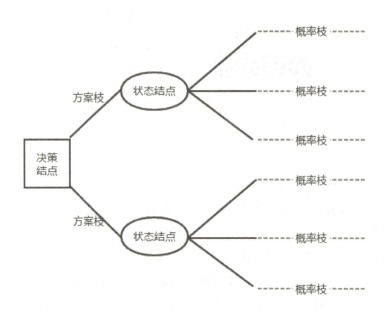

图 8-6　决策树的四要素

我们以某公司为例来说明决策树的用法。某公司因业务量增加，正在考虑新建厂扩大生产能力。根据公司商讨，目前有以下4套方案。

1. 什么也不做。

2. 建一家小型规模的厂。

3. 建一家中型规模的厂。

4. 建一家大型规模的厂。

新建的厂将生产一种市场新产品，目前该产品的潜力或市场影响力还是未知数。如果建立一家大厂且市场较好就可实现每年￥1000000的利润；在市场不好的时候，则每年亏损￥900000。如果建立一家中型规模的厂且市场较好，可实现每年￥600000的利润；在市场不好的时候，则每年亏损￥200000。同样的，建立小型规模厂且市场较好，可实现每年￥400000的利润；市场不好，则每年亏损￥150000。如果什么也不干，那么没有任何利润和亏损。并且，根据市场部门的调研结果预测，该产品投向市场后，被市场接纳且认可的概率有40%，而被市场淘汰的概率有60%。根据以上信息，建立决策树（见图8-7）。

再下一步就是评估每种方案的绩效了，这里的绩效有个专门的名词——预期货币价值（EMV）。其实EMV就是数学里的期望值。计算方法就是把每种情况的绩效乘以相应的概率并加总即可。

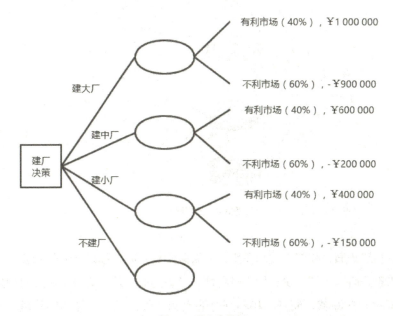

图8-7　建立决策树

- EMV（建大厂）=40%×￥1000000+60%×（－￥900000）=－￥140000
- EMV（建中厂）=40%×￥600000+60%×（－￥200000）=￥120000
- EMV（建小厂）=40%×￥400000+60%×（－￥150000）=￥70000
- EMV（不建厂）=￥0

可见，根据EMV标准，该公司的最优选择是建立一家中型规模的厂来生产这种新商品（见图8-8）。

如何把这套方法复制运用到约会上去呢？一样的，先根据对方的兴趣爱好考虑若干种约会的方案，如你打算安排周六一天和你的女朋友约会，制定了以下3种方案。

1. 游乐场一日游，午饭游乐场简餐，晚饭西餐。
2. 商场购物一日游，午饭商场西餐，晚饭日本料理。
3. 博物馆科技馆一日游，午饭简餐，晚饭西餐。

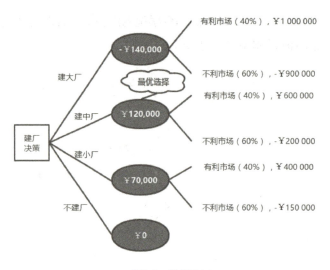

图8-8　计算EMV

我们都知道，有些人性情多变，如果碰到其开心，那么一天的约会下来，你的印象分可以增加不少；如果碰巧那天其不开心，那么安排得再好的约会也会降低对方的好感。而开心和不开心的比例，假设根据过往的经验是75%对25%，随后再对每种情况对你的印象分的增减做个评估，计算每种方案的EMV值，就得到了最优选的方案了（见图8-9）。

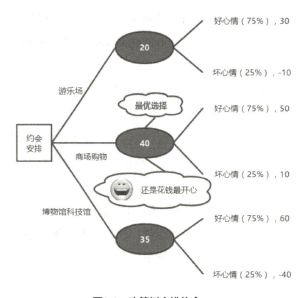

图8-9　决策树安排约会

我们可以发现，决策树方法和之前学习过的层次分析法类似，都属于结构化思维的"量化"版本，大致步骤就是先根据方案分类，再根据各种可能性进行评估，最后计算得到优选方案。

小结

这一节，我们学习了另一个"量化"版的结构化工具——决策树。构建决策树首先需要评估每种方案的绩效，再估计每种情况出现的概率，并据此计算 EMV。决策树可以帮助你在多个约会方案中选出那个最优、最稳妥的方案，帮你顺利提升你的印象分。

读者朋友可以尝试使用决策树，并据此选择一个完美的约会方案。

作业

1. 如果你有约会的对象，请根据对方的情况，列出3种以上的约会方案，并利用决策树选出优选方案。

2. 如果你没有约会对象（不要急，你肯定是遗漏了前两节的作业了，再继续学习一遍本章的内容后，你就能轮到做第一题了），利用决策树给自己的老师或者主管上司，设计一次能增进你们友谊的社交活动吧。

本章结束语

本章我们主要学习了结构拆分的逆过程——归纳、多维结构对比工具——雷达图，以及"量化版"结构思维——决策树。这三件法宝合一身可以帮助你轻松捕获另一半的心。特此授予"心灵猎手"称号。

Part 4

职场篇

　　本篇主要介绍大学生在职场中最常见的应用场景：职业规划、面试以及实习阶段。通过讲解在这3个场景下思维导图的具体应用，来掌握如何使用结构化思维和思维导图使得初出茅庐的大学生能够顺利踏入职场，并且尽快地适应新的环境。读者可以边看书边结合自身的情况同步制作导图，来加深理解。

第九章 规划大师

本章主要讲解结构化思维在职业规划当中的应用，主要内容包括自我的认识定位、对职位要求的分析以及自身和职位之间的匹配分析。我们将继续使用各种结构化的分类方法，包括技能矩阵、决策矩阵的运用以及上一章学习过的雷达图。

从校园踏入职场意味着一个人真正走向了独立，也可以说是人生面临的第一个大的挑战。如果在接受挑战前，能够利用结构化思维好好规划一下自己的职业生涯，拟定自己未来的发展方向，那么一定能在这场挑战到来之时胸有成竹、应对自如。

本章的思维导图均由在线制图工具 Process On 制作完成，而雷达图的制作则使用在线图表工具——百度图说。

第一节
自我分析

　　诺贝尔文学奖得主萧伯纳说过："征服世界的将是这样一些人：开始的时候，他们试图找到梦想中的乐园，最终，当他们无法找到时，就亲自创造了它。"职业对我们大多数人来说，都是生活的重要组成部分，但是职业既不像家庭那样成为我们出生后固有的独特的社会结构，也不像货架上的商品，可以供我们随意挑选。它更像一位朋友或一位合作伙伴，既存在又不一定在眼前，与其结识不乏机缘，但更需要自我的设计和自我的奋斗。

　　当前就业形势严峻，为自己的职业发展着想，大学生们有必要按照职业生涯规划理论加强对自身的认识与了解，找出自己感兴趣的领域，确定自己能干的工作也即优势所在，明确切入社会的起点及提供辅助支持、后续支援的方式，其中最重要的是明确自我人生目标，即给人生定位。自我定位，规划人生，简而言之就是明确自己"能干什么活？""社会提供什么活给我？""我选择干什么？"等问题，使得虚无缥缈的理想可操作化，为介入社会提供明确方向。

　　那么如何来剖析自己的情况呢？最容易想到的是我们曾经在创业帮主一章中学习过的SWOT分析，也就是从优势、劣势、机会和威胁4个方面来剖析自己的情况（见图9-1）。

　　具体而言，在分析自己的优势时，需要做到全面、客观和深刻，这样才能发现自己的能力和潜力所在。那么通过什么方法来剖析自身呢？读者此时可以放下书本，拿张白纸出来，静静地想一下自己有哪些优势，并且写下来。

　　是不是发现很难落笔？即使你在平常生活中，获得过不少人的好评与赞许，但是真要你一下子总结自己的优势，还真不是件简单的事情。利用我们在神机军师一章中学过的"5W2H"方法可以帮助我们快速写出自己的优势。但是有的人说"5W2H"过于复杂，需要写出7点，如果每一个点再细化下去，则内容过于庞大，因此这里介绍一个"5W2H"的简化版本——"2W1H"，即只需要重点列出What、Why和How这3个最重要的因素就可以了，尽量抓住事物的重点。

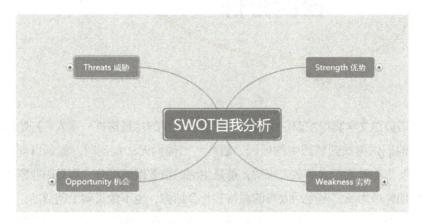

图9-1　SWOT自我分析

对于"What"，可以问自己，在大学期间学习了哪些专业知识，专业也许在未来的工作中并不起多大的作用，但在一定程度上确确实实是决定了自身的职业方向，因而尽自己最大努力学好专业课程是生涯规划的前提条件之一；还可以问自己，在学习期间做过什么，如担任过学生干部、参加过兼职实习等，人生的经历和体验是一个人的宝贵财富，往往从侧面可以反映出一个人的素质、潜力状况；也可以问自己，求学期间做过的最得意、最成功或者说最满意的事情是什么？通过具体一件事情，来挖掘自己优越的一面，如坚强的性格或者是果敢的个性等。

对于"Why"和"How"，则是对"What"问题的进一步深化，分析那些学过的专业知识为什么要学，如何应用到职业中去。一步步细化，最终挖掘出自己的优势。其实这种由具体的事情出发，慢慢细化找到自己优势的步骤，是不是和"梦中情人"那节讲的很像？在我们思考问题的时候，当我们无从下手时，不妨从某些容易想到的具体问题下手，逐步归纳出一般化、抽象化的结论。

图9-2通过3个自发的设问，慢慢引导出自身的优势。我们可以发现，此人的专业知识背景可以胜任金融，特别是那些需要高度依赖计算机的金融类相关工作，同时具有较强的沟通能

力，并有一定的银行票据部实习经历，熟悉大致的工作流程，不仅智商高而且有毅力。

图9-2　"2W1H"挖掘自身优势

同样利用"2W1H"可以进一步细化劣势、机会和威胁部分，做完整个SWOT的分析导图。读者朋友可以根据自己的情况应用该方法对自身情况做个全面的分析。

小结

这一节，我们再次使用了SWOT分析法，并应用该方法做了全面的自我分析，以认清自己在职场上的优势、劣势、机会与威胁，做好职业规划的第一步。在具体剖析自身优劣势时，可以采用"5W2H"方法的简化版——"2W1H"方法，通过具体的问题与事例逐步地总结归纳自身的各类特点。

具体制图上，我们使用了Process On的导图。无论读者是在校学生还是对自己职业规划不甚满意的职场新人，都可以尝试使用本节所讲的SWOT分析与"2W1H"方法剖析自身，更深入地认识自己。

作业

结合自身的情况，建立自我分析的SWOT分析导图，并且在内部结构上使用"2W1H"的方法进行分类。

Part **4**

职场篇　第九章　规划大师

第二节
职位分析

当我们完成对自我的剖析并发现自己的优劣势后，下一步的工作就是根据自己优势方向寻找合适的工作职位。例如，在"自我分析"一节的例子中，根据该生的优势可以确定，该生适合的职位大致是那些在工作中需要较高计算机应用能力的金融类相关职位。同时，对于银行类的职位他还有一定的实习经历可以作为自己的竞争优势。

因此，首先可在各种职位发布渠道上收集这些职位的大致信息，接下来对这些职位做一下分析，看看自己离这些岗位的具体要求还有哪些差距？以便在剩余的时间内逐步弥补。

例如，某网站发布金融工程研究员的招聘要求如下。

职位：金融工程研究员

岗位职责：

1. 参与量化选股、衍生品、套利交易、创新产品设计等研究。

2. 服务机构客户，不定期上门路演、电话交流。

3. 数据搜集整理分析工作。

任职要求：

1. 国内外重点大学毕业，硕士研究生及以上学历。

2. 数理知识扎实，有1~2年金融工程相关工作经验。

3. 至少熟练使用MATLAB/R/SAS 中一种，熟悉SQL数据库。

4. 有较强的表达沟通能力。

5. 有证券从业资格证书者优先。

根据以上岗位职责的描述和任职要求，可以仿照"团队组建"一节建立工作岗位的技能矩阵，以便将来查阅自己离目标岗位的差距（见表9-1）。

表9-1 岗位——技能矩阵

岗位	学历	专业背景	计算机	性格	证书
金融工程研究员	硕士	数理	Matlab/R/ SAS SQL	沟通 能力	证券从业资格

当我们浏览招聘信息时，时不时地做好这样的记录，把感兴趣或者感觉自己有竞争力的岗位要求填入技能矩阵内，制成一张表格。将来在制订学习计划、寻找实习机会时，可以做到有的放矢。

我们曾经在"团队组建"一节中讲过，技能矩阵表格是按照属性对岗位技能进行分类的。如果职位的要求过多，则可以通过建立二级标题的形式，把相近属性的要求归成一组，如学历、专业背景可以归纳成学科技能，计算机和证书可以归纳成技术技能，性格等可以归纳成社交技能等。当然，像例子中的"金融工程研究员"列出的要求相对较少，则不必分得过于仔细。

小结

这一节，我们再次使用到了"技能矩阵"——这一按照属性进行分类的结构化思维工具。使用该矩阵可以把我们感兴趣的工作岗位的职责及技能要求都一一记录下来，将来在制订学习计划或者进一步规划自身发展的时候可以做到更有针对性。

读者可根据上一节"自我分析"中总结出的自身的优势方向，在网络或者其他招聘平台搜索自己感兴趣或具备竞争力的岗位，根据岗位描述建立相应的技能矩阵，以供自己日后参考。

作业

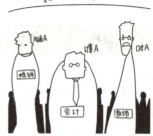

1. 在招聘网站上，搜索至少10个自己感兴趣或可能具备竞争力优势的岗位信息。

2. 把搜索出的岗位信息，提炼岗位的具体要求，并且进行恰当的分类，建立自己的岗位——技能矩阵表。

第三节
匹配分析

有了对于自我的认识和职位的分析以后，接下来就是看自己和职位之间的匹配度了。我们毕竟不能人人都成为像乔布斯那样具有无极限的创新能力的时代创始人，也不太可能成为马云、史玉柱之类的创业传奇人物，甚至都不能成为那些无名的技术极客，然而这个世界是多元化的，需要各式各样的人才，任何一种类型的人都会找到适合自己的工作。

很多在职者也许都会抱怨当前从事工作的种种不是，如果我们能在一开始就分析自身和工作之间是否匹配，可能现在就会是另一番景象。我们会发现，很多并不比我们优秀的人在他们的工作中取得了很大的成绩，远远超过了周围的人，很大一部分原因就是他们在从事适合他们的工作，激发出了自己的潜能。而一旦我们找到了适合自己的工作，那同样可以达到这样的效果。

那如何才能做匹配分析呢？周围那些参与过多场面试的同学都曾感慨过："找工作就像找对象……"后半句各有说法，前半句都是一样的。相信听到这里，大家应该能知道用什么方法来进行工作和自身的匹配分析了。因为，我们已经讲过如何找对象了不是。

在"挑选情侣"一节中，我们详细介绍了雷达图的使用。在这里把第二节"职位分析"得到的技能矩阵的技能量化打分后，根据平均水平、高于平均水平20%和高于平均水平50%分别在雷达图上做3个同心圆。例如，你在网络上一共找到5个金融工程研究员的招聘信息，对于计算机的要求有的要求会5项软件，有的要求会2项，有的要求会1项。可以把要求掌握5项软件的技能要求分计做10分，4项软件的计做8分，依次把这些岗位的计算机要求都量化打分后，计算其平均值，用于雷达图同心圆的绘制。

随后对第一节"自我分析"得到的自身的优势和技能进行同样的量化打分后，便可绘制成雷达图。记得把图8-5中留给相亲对象照片的位置换成每个职位的名称和描述就大功告成了。以后在找工作或者跳槽时候，可以拿出一沓沓

的雷达图，像相亲一样慢慢挑了。

在线制作的雷达图

在"挑选情侣"一节中，我们使用了Excel 2016绘制雷达图。这有两个缺点，第一，微软的Office套件需要购买，是一笔不小的花费；第二，如果要分享该图表给其他人，要不就是截图，要不就是发送Excel文件给对方，这就又要求对方也装有Office套件。

幸运的是，在网络时代，很多网站提供了免费的在线制图工具。这里推荐一款免费的"百度图说"（http://tushuo.baidu.com/）。使用百度账号登录百度图说后，新建图表选择内置的标准雷达图模板（见图9-3）就能轻松地新建一个空白的雷达图。

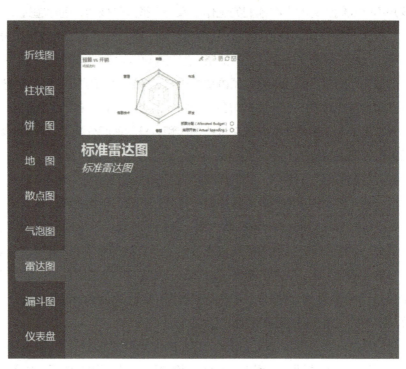

图9-3　选择标准雷达图模板

结构思考力——用思维导图来规划你的学习与生活（慕课版）

在图表上方，点击数据编辑，调出数据编辑表格。这是一张类似于Excel的电子数据表，根据我们的实际情况修改里面的名称与数据。左边数据表格一边修改，右边的雷达图会实时更新以适应新的数据（见图9-4）。

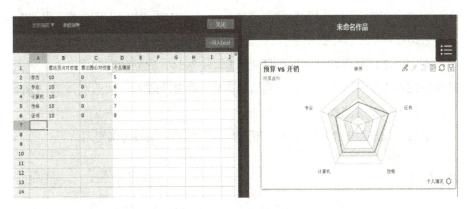

图 9-4　添加图表数据

　　随后再点击参数调整，在标题选项的内容里把主标题文本和副标题文本做一下修改。在雷达选项里，把基础里的底盘形状修改成圆环形，就可以完成雷达图的制作。这幅图表唯一的缺陷是无法自定义雷达图的圆刻度，图说里出于美观目的，自动把同心圆从小到大根据半径等分成了5个，不可以自行调整。点击图表右上方绿色的保存按钮就可以把该图以图片格式保存下来（见图9-5）。也可以点击分享，把该图的链接发送给其他人，非常的方便。

图 9-5　匹配分析

小结

　　这一节，我们再次使用了雷达图。使用雷达图的主要目的是在个人能力和职位要求之间做对比，以此来发现自身能力和岗位要求之间的匹配度，帮助自己更好地在各类工作中做出适合自己发展的选择。

　　不同于之前制作雷达图时所使用的Excel 2016，此处我们使用了一款免费的在线图表工具——百度图说，利用其内置的雷达图模板，快速制作了一份既美观又易于分享的图表。

　　读者可登录百度图说，了解一下还有哪些结构化图表可供使用。

作业

　　在前两节的作业基础上，尝试做一下自身情况和收集的岗位情况的匹配分析，在百度图说上建立并分享你的雷达图。

本章结束语

本章我们利用了之前学过的各种结构化分类方法，如SWOT分析法、技能矩阵以及雷达图对自己的职业生涯做了技术性的规划，既有从自身能力出发的剖析，也有从岗位需求出发的分析，更有两者的匹配比较分析。

可以说，结构化的方法在职业规划上得到了相当大的利用。特此授予那些认真学习本章，且身体力行利用结构化方法做好自身职业规划的同学"规划大师"称号。

职场篇

第九章　规划大师

第十章

HR劲敌

本章主要讲解结构化思维在求职面试当中的应用，主要内容包括准备求职简历、记录求职历程以及面试的准备。我们将继续使用各种结构化的分类方法，包括根据主次关系做划分、根据时间顺序的分类以及根据个人需要的分类。

求职的过程充满了坎坷与挑战，面试没有结果实在是件再平常不过的事情。但是利用好结构化的方法，有针对性地制作简历、记录好每一次的求职情况，面试前做好充分的准备，至少不会让自己留有任何遗憾。

本章的思维导图均由在线制图工具Process On制作完成，而简历的制作则利用了在线简历制作网站——五百丁。

第一节
准备简历

找工作的第一步就是准备简历，通常简历就是对个人学历、经历、特长、爱好及其他有关情况所做的简明扼要的书面介绍。对应聘者来说，简历是求职的"敲门砖"。敲不敲得开HR的大门，就看你的这块"砖"硬不硬了。

通常一份好简历的特点是简历的内容具有非常强的针对性。由于企业对不同岗位的职业技能和素质要求不一样，而且不同行业、不同文化背景的企业对于人才的需求也不一致，所以在求职过程中非常忌讳的是一份简历"行走江湖"。

例如，你投客户服务、行政助理、IT程序员和金融分析师这些不同的职位，如果使用的是同一份简历，那就很有问题了。因为招聘客户服务的人事可能看重的是应聘者是否具有耐心的性格；招聘行政助理的人事看重的是应聘者做事是否细致，是否具备在多部门之间协调和沟通的能力；招聘IT程序员的人事则看重应聘者的学历专业背景、专业课成绩以及相应的技能证书等；招聘金融分析师的人事会更看重专业背景与成绩、品德及是否具备资格证书等。如果使用同一份简历投递具有不同需求的岗位，则无法突出你的特色，也无法打动HR，毕竟通用的简历是增加不了HR眼里的人与岗位的匹配度的。

而且HR阅读一份简历的时间非常有限，据估计可能只有10秒，因此依靠一份简历抓住他们的心可不是件容易的事情。必须在简历中突出重点，强化自己的优势，才可能让HR自觉地多增加一些阅读简历的时间。那么如何才能做到呢？回忆一下在"论文计划"一节中，我们学习过的一种结构划分——先主要、后次要的划分。即把最重要的内容、最需要强调的内容放在最前面，把剩余内容按照重要性依次往后排，确保阅读者在有限的时间内能看到你所要传递的最重要的信息。

例如，你需要投递客户服务的简历，可以把突出你耐心的一些实习经历放在简历的最上方，让HR第一眼看到简历，就增加了你和职位之间的匹配度。

149

至于学校、专业等基本信息，则放在次要的地方，因为很少有HR会根据学校和专业来选择从事客服工作的人员，毕竟这不是一个需要很强技术性的工种。

如果你投递行政助理岗，可以把校内学生会干事的经历放前面，或者在实习单位参与举办大型会展的经历放在靠前的位置，以此展现你具备一定的协调和沟通能力。

而投递IT程序员则必须把你的学校、专业课成绩附在显眼的位置，吸引HR的注意力，同时再加上在校期间参与过的编程项目等，如果有相应的证书，则再附证书以此证明你的技术能力。

如果你投递金融分析师职位，则同样把人事看重的学校和专业成绩放前面。如果在校期间得过德育方面的奖励或者有一些体现你品德操守高的事件也都可以加在下面，因为从事金融行业是需要严格遵守相应的职业操守的，有这方面的证明将会增加匹配度。此外，在校期间如果已经获取了一些从业资格证，也可以附在里面，毕竟某些金融职位是有入职门槛的，没有从业资格证是无法入职的。

根据先主要、后次要的分类建立针对性强的简历将会大大增加获取面试的机会，大家不妨试一下。事实上，如何制作简历在很多地方都会被讲到，各个学校的就业办就会开展不少的培训帮助学生制作合适的简历。"一岗一简历"是很多学生都知道的，但是未必有那么多人会去准备。很大的问题在于，相当多的学生对于办公软件不熟悉，Word里面调格式、对齐，太麻烦。最多把别人的简历模板弄过来，把人名、校名、实习单位名一改了事。因为在模板里调顺序会造成格式混乱，因此最后也懒得弄了。好在随着技术的发展，现在有了这些"懒人"的福音——在线简历制作工具。

在线简历制作

国内外网络上现在有许多在线简历制作的网站，这里推荐一个国内的网站——五百丁（http://www.500d.me/）。进入该网站，进行简单的注册以后，就能使用里面的各种素材与功能。网站里也有一些Word版本和PPT版本的简历模板，我们这里只考虑更方便快捷的在线制作。选择网页上方的"在线制作"创建新的简历，网站内已经内置了不少相关职位的简历模板，可以搜索使用也可以直接新建空白简历，区别不大（见图10-1）。

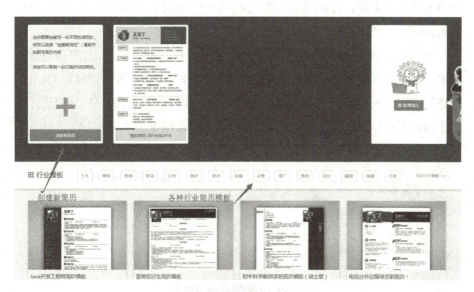

图10-1　建立简历

我们此处选择"IOS开发工程师简历模板"新建一份简历。进入页面后，可以发现该模板已经提供了教育背景、工作经历、专业技能、项目经验及自我评价5个内容模块了。这其实也正是这个岗位HR最看重的内容，网站已经设置好了。如果你觉得还有其他内容模块需要添加，则选中简历上方的"添加模块"选择其他合适的模块加入即可，或者直接点击已有模块旁边的下拉框，选择那些暂时被隐藏的内容模块（见图10-2）。我们点击选中技能证书，并且选择把"工作经历"隐藏。

下面的简历会实时更新以反映模块的增减。剩下的工作就是把姓名、教育背景等基本信息逐步输入了。不用过多考虑格式，因为模板中已经自动设定好了格式。如果需要微调，则在简历上方的编辑栏内，可以调整格式。

图 10-2　补充简历模块

Part 4

职场篇　第十章　HR劲敌

151

随后就是调整各个内容模块的顺序了。对于一份IT工程师这类技术类的职位而言，学校和专业成绩相对重要，需要放在第一位；专业技能和项目经验次之；自我评价应该在技能证书之后。因此只要调整最后两个模块的顺序即可。调整方法非常简单，只要把鼠标移至该模块处点选移动图标后，拖动至恰当的位置即可（见图10-3）。

最后点击简历右侧的保存，会自动生成一个网址和二维码，打开该网址或扫描该二维码即可看到该简历。也可以下载PDF版本的简历以方便打印携带，但需要一次性支付4.9元，支付以后可以无限下载各类自己制作的PDF简历。相较于自己花费的调整格式的时间，这点钱还是可以接受的。

图 10-3　改变简历模块顺序

小结

这一节，我们学习了如何利用主次关系制作适合岗位需求、针对性强的简历。我们首先需要分析该岗位所需人才的特点，随后在制作简历的时候，把这部分主要内容放置在简历的最上方或者其他最显眼处，依照重要性依次排列，以期在一开始就抓住HR的注意力。先主后次的分类与排序对于这种需要在有限时间获取对方注意力的事情是非常有帮助的。

而通过在线制作简历的网站，可以从技术上解决针对不同岗位调换简历内容模块顺序的麻烦，大大减少了我们简历排版的工作量，使得我们把注意力更多地放在简历的内容和对岗位的分析上，甚至是思考HR的想法上。

一场和HR的较量才刚刚开始。读者们先动手制作简历吧。

作业 ✏️

　　选择一个招聘网站上发布的招聘岗位，分析其需求，并按照主次关系，在在线简历制作网站上制作一份简历。如果你正逢大四在找工作，或者正在考虑跳槽事宜，那不妨做完简历就直接投递出去吧。

Part
4

职场篇

第十章　HR劲敌

第二节
求职记录

"你好，小王同学，我是×××公司的人事招聘经理×××，感谢你向我们公司投递了简历，下面我给你做个10分钟的电话面试，请问你现在方便吗？"

"……方便，方便。"小王心想："投递了几百份简历后，终于收到了第一个回音，一定得说方便啊。"

"小王，请问，你为什么会对你投递的职位感兴趣呢？"

"呃，我对你们公司仰慕很久了。"小王心想："我每天投出二十份简历，这家公司我到底是投了哪个职位啊？怎么都想不起来了。"

"那好，小王，既然你对我们公司仰慕很久了，请问，你对我们公司了解多少？可以说说吗？我们公司的企业文化是什么？我们公司去年的年报中公布的销售额是多少？"

"这个，我主要是从媒体上面了解的贵公司，贵公司在财经新闻中的出镜率很高，至于年报我没有阅读过。"小王心想："投简历还要看年报？"

"小王，你好，你在我们公司投递的职位是金融分析师。我想作为一名金融分析师，要想了解一家公司，首要的工作一定是从查阅公司年报开始的吧。看来您对我们公司还需要进一步了解。待加深对我们公司的了解后，欢迎您再次申请我们的职位，谢谢。"

小王欲哭无泪。第一个电话面试就这样结束了。可以想象，即使有第二个、第三个电话面试，结果应该和这次也是差不多的。在每天投递出那么多简历后，如果缺乏求职信息与过程的记录，是不太可能记住那么多曾经申请过的职位的。

解决办法有两个，首先好好学习一下第九章，分析自身的优劣势以及适合哪些职位，减少不必要的简历投递。先锁定求职目标，把范围尽可能聚焦在自己有优势的职位上。其次就是做一份求职记录，把每份申请的信息都记录下来，如果有面试则把面试情况也相应记录在导图中，方便以后的查看。

由于求职过程较长，所以可以根据我们以前曾经学习过的按照时间顺序做结构划分，根据日期先把投递的岗位信息记录下来。随后再加入信息来源，即该岗位是从哪里得到的。因为有时候职位信息是朋友推荐的，有时候是正好在某网站上看到的，时间长了容易混淆。另外，由于我们采用的是"一岗一简历"的原则，因此当时申请时候用的什么简历也应该保存下来，否则当HR就简历上面的内容询问你的时候，就会措手不及了。导图中一般还可以加入公司概况，毕竟企业文化之类的问题是HR最喜欢问的问题。

如果有幸收到电话面试或者更进一步的面试时，则应在原有的导图中进行扩展，记录每次面试的情况。尽量事后回忆起面试对象的信息及对他的印象，这很重要。因为也许你下次面试再次遇到他时，可以假装熟络地打个招呼，增加亲和力和好感。你没有做记录，则很有可能你下次看到对方就记不起来了，如果有幸，对方对你的印象很深，那么你没打招呼可能就让你失去了一次宝贵的机会。此外，还应尽可能地记录面试时候的问题与你的回答、面试的印象以及最后得到的面试反馈，这些信息都应及时加入到导图中，这样有下一阶段的面试时，可以非常快地翻到之前的情况（见图10-4）。

如图10-4所示就是一个使用导图记录求职过程的例子。在例子中，每天申请的岗位数都不多，但每个岗位的申请记录却做得非常认真，导图中记录了各种信息，公司概况部分还有链接链到相应的网站去查阅和公司有关的信息。每次面试都记录下详情以供自己反省或下次面试前的再回忆等。花同样的申请时间，把精力集中在少数针对性更强的岗位上进行申请，相信应该比毫无目的广撒网会提高不少成功率。

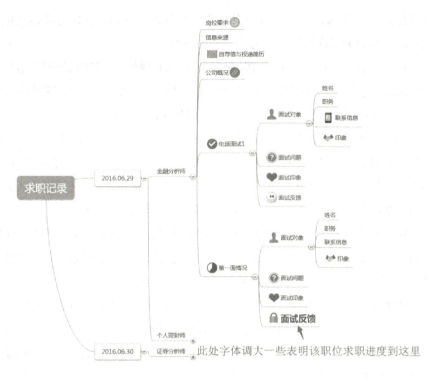

图 10-4 求职记录

小结

这一节，我们使用时间顺序记录每天的求职过程，包括最基本的岗位信息、面试过程中的各种记录以及辅助的关于公司概况的参考资料等。有针对性地申请岗位可以使求职者把时间和精力集中在一两个自己更有优势的岗位上，而不是毫无目的的广撒网。

当你拥有一份完备的求职记录后，那么在任何时候接受HR电话面试都能做到信心满满、回答自如了。现在，在和HR的交锋中，你已经占有先机了。

作业

无论你是在校求职者或是计划跳槽的职场人士，根据自己的情况建立一份求职记录的导图。

结构思考力——用思维导图来规划你的学习与生活（慕课版）

第三节
准备面试

投好简历、做好求职记录后，接下来就是等待面试通知了。万幸收到面试通知时，请务必记录好面试的时间和地点以免耽误。那么在参加面试前，是否需要准备些什么呢？或者说，结构化思维在面试中是否有用？该如何应用呢？

有了结构化思维的武器，能不能战胜HR，获得对方的青睐呢？当然可以，因为现在HR设计准备面试过程和问题时也是采用了结构化思维。学过结构化思维的人才更容易理解HR问题的设计思路。

现在职场上最流行的面试叫作结构化面试（Structured Interviewing），其概念就是根据特定职位的胜任特征要求，遵循固定的程序，采用专门的题库、评价标准和评价方法，通过考官小组与应考者面对面的言语交流等方式，评价应考者是否符合招聘岗位要求的人才测评方法。

结构化面试具体而言，就是指面试的内容、形式、程序、评分标准及结果的合成与分析等构成要素，按统一制定的标准和要求进行的面试。HR会根据对职位的分析，确定面试的测评要素，在每一个测评的维度上预先编制好面试题目并制定相应的评分标准，面试过程遵照一种客观的评价程序，对被试者的表现进行数量化的分析，给出一种客观的评价标准。不同的评价者使用相同的评价尺度，以保证判断的公平合理性。

传统的面试最为人诟病的一点就是考官的提问太随意，想问什么就问什么，同时评价也缺少客观依据，想怎么评就怎么评。正因为如此，传统面试的应用效果其实并不理想，面试结果也通常很难令人信服。而结构化面试正是在克服传统非结构化面试上述缺陷的基础上产生的。企业在对员工进行面试的时候，一方面应该保证选拔标准必须基于对职位申请者所需岗位胜任特征水平进行评估；另一方面必须采用系统化、结构化的方法来评价受测者在这些胜任特征上的行为表现水平，以便确保选拔的公平性和科学性。而结构化面试两方面兼顾，因此便成为当今最受青睐的面试方法。事实上，公务员录用面试中，就

是采用结构化面试的形式，而很多大型跨国公司在校园招聘时也是如此操作的。

为了在和HR的较量中占据绝对的优势，我们再深入了解一下HR是如何设计结构化面试的。结构化面试吸收了标准化测验的优点，也融合了传统的经验型面试的优点，面试结果比较准确和可靠。

首先，在结构化面试中，HR会根据工作分析的结构设计面试问题。由于面试的目的是要将对职位更适合的应考者选拔出来，这种方法需要进行深入的工作分析，以明确在工作中哪些事例体现良好的绩效，哪些事例反映了较差的绩效，由执行人员对这些具体事例进行评价，并建立题库。题库中题目测评的要素涉及知识、能力、品质、动机、气质等，尤其是有关职责和技能方面的具体问题，更能够保证筛选的成功率。从这里我们可以看出，在第九章规划大师中，我们事先做好的自我分析、职位分析和匹配分析都是和HR的面试问题结构设计如出一辙。大家都在做同样的事情，那么他们的问题，你还答不出吗？

其次，结构化面试向所有的应聘者采取相同的测试流程。面试的指导语、面试时间、面试问题的呈现顺序、面试的实施条件都应是相同的或者相近的，确保所有应试者在几乎完全相同条件下接受面试，保证面试过程的公正、公平。而提问的顺序结构通常是由简易到复杂的提问或者是由一般到专业的提问。这种几乎是套路式的测试流程，对于面试者而言，应该很容易化解。面试者事先可根据工作职位的要求，预估一些可能会被问到的问题，并且按照难易度进行分类或者按照一般和专业问题进行分类，建立自己的面试回答库。如果HR提出的问题，你都提前准备过了，而且连提问顺序都预计到了，他还不招你？

最后，面试评价有规范、可操作的评价标准。HR从行为学角度设计出一套系统化的具体标尺，每个问题都有确定的评分标准。针对每一个问题的评分标准，建立系统化的评分程序，能够保证评分一致性，提高结构有效性。结构化面试不同于传统的面试，它更加注重根据工作分析得出的与工作相关的特征，面试人员知道应该提出哪些问题和为什么要提出这些问题，避免了犯主观上的归因错误。每个应聘者都得到更客观的评价，降低了出现偏见和不公平的可能性。由于评价标准是既定的，所以应试者可以在分析清工作相关特征后，找出可能的评分点，在回答HR问题时要尽量朝这个方向靠拢，让他们不由自主地给你高分。

由于结构化思维在越来越多的地方得到推广和应用，也有越来越多的HR在招聘环节采用结构化面试，因此掌握好结构化的思维，并把结构化思维运用在准备面试上，能把HR发出的招式一一化解。

小结

这一节，我们学习了求职过程中，公务员考试和许多大型跨国公司面试流程所采用的结构化面试。结构化面试作为一种经过分析职位特征后确定面试流程、面试问题与评价标准的面试方法，相较于传统的经验型面试具有客观性强、评价操作性高、标准化的优点。

而我们在利用结构化的方法分析自身优劣势、分析工作职位等做准备工作时，正好招招克制住了HR的设计出招——谁让大家都学结构化思维呢。读者可以尝试为将来可能的面试做一下准备。

作业

在"职位分析"一节的作业中挑选一个你感兴趣的岗位，假设你获得了该岗位的面试机会，按照HR的结构化面试标准，针对这次机会做面试的准备。

Part
4

职场篇

第十章　HR劲敌

本章结束语

　　本章我们使用了之前学过的各种结构化分类方法，如利用先主后次的划分，把重点内容放置在简历的显眼位置迅速吸引HR的注意力；利用时间顺序做好求职记录，不放过任何和求职相关的信息，时刻准备着HR突袭式的电话面试"袭击"；分析对手——HR的战术，结构化面试方法，知己知彼，才能百战不殆。

　　特此授予那些认真学习本章，且身体力行利用结构化方法和HR"战斗"着的朋友"HR劲敌"称号。

第十一章 三头六臂

本章主要讲解结构化思维在工作实习中的应用，主要内容包括会议策划、会议记录以及优化工作任务。我们将继续使用各种结构化的分类方法，其中大多数在之前已经应用过，包括"5W2H"分析法和根据时间顺序的分类。本章还将学习一种新的结构化方法——最优路径分析，我们将运用该方法优化我们平日里的工作任务。

实习是离开校园到踏入职场的一个过渡阶段，在这个过渡阶段里，要完成学生身份向职业身份的转变，需要逐渐从学习的状态节奏慢慢适应到工作的状态节奏。利用结构化思维处理实习期间常见的事务，能让自身更快速地融入职场之中。让我们共同努力完成本书的最后一章吧。

本章的导图均由在线制图工具百度脑图或者Process On制作完成。

第一节
策划会议

在单位里，开各类会议是必不可少的，虽说部门中每个人各司其职，但是小组明确共同的目标、分配任务、工作交流等都是通过会议来完成的。而随着跨部门或者多人的协作项目越来越多，互相协调和交流的需求增加，开会的频率更是越来越高。

作为实习生，由于大多数情况不会被分配到核心的工作任务，所以大多数时候承担的是项目或者部门的支持工作，俗称"打杂"。很多实习生对这些打杂的工作不够重视，认为"大材小用"，其实打杂对迅速融入工作团队、了解团队成员的特点和性格以及理解公司文化等都有着非常大的帮助。而且，打杂做得好，会大大提高整个工作团队的工作效率，反之，则会延误小组的工作进度。

因此，本节我们就来讨论如何使用结构化思维策划一场项目管理会议。所谓项目管理会议，包括项目计划、组织、指导和控制。一个良好的项目管理会议是分享信息、明确项目方向和消除模糊的有效方式，将有益于协调团队成员的努力和对项目事项获得及时反馈，提供了一种集体解决项目问题的方式。

项目经理通过会议解决问题、安排工作、制订计划和决策，是推动项目最终达成目标的重要手段。通过项目会议，项目经理可以将有关政策和指标传达给项目团队成员，使与会者了解项目共同目标，自己的工作与他人的关系，并明确自己的目标，同时项目经理可以及时地获得反馈信息；项目会议可以充分表现与会者在项目组织中的身份、地位和影响，使会议中的信息交流能在人们的心理上产生影响，可以使与会者产生一种共同的见解、价值观和行动指南，密切相互之间的关系，甚至可以帮助澄清误会，处理各种冲突并利用他人的知识和技巧来解决问题。而会议还可以帮助营造民主气氛，给与会者提供共同参与和共同讨论的机会，最终做出良好的决策。

可见，一场优质的项目管理会议会对整个项目的成败起到关键的作用。打杂的实习生此时是不是突然觉得自己成了项目组的关键人物了？那么如何安排好一场会议呢？我们将再次使用"5W2H"分析法来策划这场会议。

首先，"What"，这场会议的主题是什么？在该主题下，要讨论哪些具体的问题。假设该场会议的具体背景是在项目进行到中期时举行的一场项目管理会议，项目参与者在工作了一段时间后，都对项目的原目标产生了一些想法甚至是怀疑，因此可以把这场会议的主题定为再次明确项目目标，一一解决各项目参与人的那些困惑。具体会议内容，就是针对各位参与人提出的困惑进行讨论和解释。

其次，"Why"，为什么要开这场会议。由于各位参与人通过各自的前期工作，对项目产生了一定的疑问，团队的凝聚力出现了下降，项目负责人的威信受到挑战。因此，这场会议的举办原因就是希望借此会议来增强团队凝聚力，重新把项目团队的心气整合起来。

接着，"How"，这场会议要如何举行？在什么氛围下举行？由于团队成员之间的彼此不信任，因此此次会议需要在平等、真诚以及和谐的气氛下进行。同时会场的布置可以适当温馨一点，让人感觉大家是在一个集体中讨论事项，而不是各自为政的声讨会。

然后，"When"，设定会议的举办时间，同时设定会议的议程，尽可能地做到有序。

再次，"Where"，向公司申请预定会议室。

还有"Who"，就是参会的人员。你还得记着他们的邮箱地址以便提前把会议信息发送给对方，还要保留好他们的电话，以便需要的时候联系到对方。

最后，"How much"，就是该次会议的预期成果。期待项目目标的再次明确，团队凝聚力加强等。

图11-1就是利用"5W2H"分析法做的策划会议的思维导图。如果把它交给你的主管，是不是能解他的燃眉之急呢？

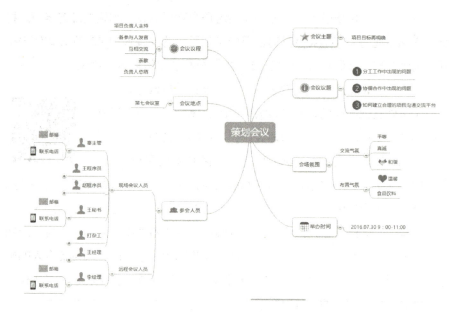

图11-1　利用"5W2H"策划会议

小结

这一节，我们再次使用了结构化思维中的重要方法——"5W2H"分析法，利用该方法厘清一次会议正常举办的若干要素。其实，任何涉及结构化拆分的问题，使用"5W2H"都能较好地解决问题。读者朋友可以数一数，在本书中已经在几个场景下面使用了该方法。

作业

利用"5W2H"分析法，结合你目前的工作策划一场会议并建立导图。

第二节
会议记录

策划完会议之后，实习生通常会被安排在会议时做会议记录。那么如何做好一份会议记录呢？

首先，我们需要知道会议记录是什么？通常而言，会议记录就是在会议过程中，由记录人员把会议的组织情况和具体内容记录下来。通常的"记"有两种，分详记和略记。略记是记会议大要，会议上的重要或主要言论。详记则要求记录的项目必须完备、记录的言论必须详细完整。由于现在录音设备比如录音笔、带录音功能的智能手机等已经非常普遍了，因此详记的需求并不多。

现在大多数会议记录都只要求记录一些重要的信息，所以略记就足够了。对于会议记录，有一些需要掌握的基本要求。

1. 要准确地写明会议名称（要写全称），开会时间、地点和会议性质。
2. 详细记录会议主持人、出席会议应到和实到人数，缺席、迟到或早退人数及其姓名、职务等。
3. 忠实记录会议上的发言和有关动态。通常记录发言要点即可，把发言者讲了哪几个问题，每一个问题的基本观点与主要事实、结论，对别人发言的态度等，做摘要式的记录。
4. 记录会议的结果，如会议的决定、决议或表决等情况。

以上这些要求，几乎是任何会议记录所必需的。与此同时，有经验的记录者在记录会议时还会突出以下的重点。

1. 会议中心议题以及围绕中心议题展开的有关活动。
2. 会议讨论、争论的焦点及其各方的主要见解。
3. 权威人士或代表人物的言论。
4. 会议开始时的定调性言论和结束前的总结性言论。
5. 会议已议决或议而未决的事项。
6. 对会议产生较大影响的其他言论或活动。

Part 4

职场篇

第十一章 三头六臂

从结构化的角度看，把以上几点问题记录下来，基本就使得整个的会议记录完备了。由于在策划会议时，会议的进程已经按照时间顺序排好了，因此在会议开始前，可以先把会议记录的一些必要信息填好，这样在真正做记录时，可以把精力集中在会议现场的具体内容记录和整理上。

图11-2是利用百度脑图制作的一份会议记录。该会议的背景情况就是上节策划会议时的项目中期讨论会。由于百度脑图目前还没有添加关联这个功能，因此这份脑图有一些小小的缺陷。在汇总交流意见时，大家最后汇总了3个观点或者意见，这些都是针对会议议题讨论时，各个发言人的观点总结和升华后得到的，因此如果在线导图工具有添加关联的功能，不妨把汇总的观点和个人的观点通过连接线关联起来，以便看出这些汇总观点或者意见的来源。

读者可以使用Process On制作类似图11-2的导图。由于Process On提供了在各个导图主题间添加关联的功能，因此可以使得该导图可读性更高一些。

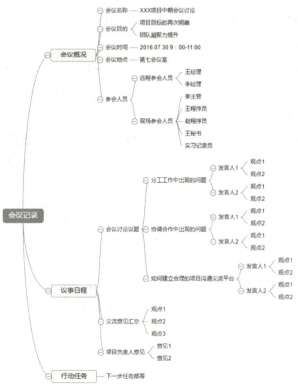

图11-2 会议记录

小结

　　这一节，我们主要讲解了如何做好一份会议记录，通过分析会议记录的一些常见要素，可以在会议开始前，根据会议的策划和安排，利用会议各项议程的时间顺序提前做好一份记录模板，以便在现场会议时迅速地把最关键的要点内容填入导图模板中。

作业

　　无论读者你是一名在校生还是在职人士，日常的会议都是必不可少的。尝试为自己经常性参加的一些会议，如班会、团会、每日工作晨会、季度汇报会等建立一份通用的导图模板。

第三节
跑腿艺术

"小张，帮我做一份PPT，明天汇报需要用。"

"小张，昨天做的Excel报表，原始数据有错误，需要你用新数据重新做一下。"

"小张，这份文件是后勤需要的，待会儿送过去，2点前一定要送到王处长手上啊，晚了他就去开会了。"

"小张，帮我去咖啡店买一杯咖啡，少加糖的。"

"小张，这些材料需要复印10份，待会儿开会的时候带来。"

"小张，中午有个快递在前台，麻烦你帮我收一下啊。"

"小张，昨天我做的视频剪辑，格式有点问题，你帮我用软件再转下格式吧。"

"小张……"

此处的"小张"，是所有实习生的代号；是单位里任何人的可差遣对象；是所有杂事的"终结者"。

可是没有三头六臂的小张，该如何在短时间内完成那么多的工作呢？不必担忧，在学校经过多年结构化思维课程"洗礼"的小张，完全能够"嚣张"地拿下所有任务。首先，先把每个口头任务制成表格，并且估算一下单独完成每项任务所需要花费的时间（见表11-1）。

初步一算，完成这些事情一共需要9.2小时。可是一天的正常工作时间就是8小时，如果按部就班地做这些事情，不可避免地又要加班了。一加班就要晚回家，一晚回家就要晚睡觉，一晚睡觉上班就没精力，第二天面对同样的工作任务，可 能就需要9.5小时才能完成了，如此反复，一直恶性循环下去，直至实习结束被嫌弃工作效率低，最后走人。

结构思考力——用思维导图来规划你的学习与生活（慕课版）

表11-1 小张的工作内容

工作内容	所需时长	工作地点
制作PPT	2.5小时	办公室
修改Excel	1.5小时	办公室
送文件至后勤	0.5小时	出门
咖啡店买咖啡	0.5小时	出门
复印材料	0.5小时	文印室
收快递	0.2小时	前台
视频转格式	3.5小时	办公室

幸好小张在大学期间学习了结构化思维，不仅将结构化思维应用在了学习、生活和社交上，就连找实习岗位也是通过了结构化面试"击败"HR后才得以进入的。结构化的核心思想是拆分和整合。当面对这些零散且几乎毫不相关的任务时，应该基于哪些条件来整合呢？

通常而言，在对工作任务进行整合时，可以基于两点原则。第一，将能同时完成的事情合并；第二，将能顺路完成的事情合并。

在小张的任务列表里，制作PPT、修改Excel和视频转格式，都是在办公室的计算机上完成的，而且视频转格式是不需要任何操作的，只要计算机的视频转换软件开着运行就行了；制作PPT和修改Excel不可以同时完成，需要依次完成。因此这三项任务属于同时完成的事情，可以合并在一起，那么这样一来，完成这三件事情只需要制作PPT和修改Excel所总共需要的4小时，视频转换的3.5小时工作是在这4小时内可以完成的。

此外，剩余的4件事情，从路径上分析可以看出，属于顺路完成的事情。如可以先去文印室复印，之后出门去后勤送文件，在回来的路上经过咖啡店的时候顺路替同事买杯咖啡，回到大楼前台收快递，最后再回文印室拿复印好的文件回到办公室里。由于表格中任务预估完成时间，都是以自己办公室为出发、结束地点预估出的时间，因此路上的时间都被计算在内了。如果我们顺路同时做了这4件事情，那么等于路上的时间相应减少了。可能完成全部的4项任务所花费的时间只需要1个小时，减少了0.7小时。

如此一来，经过两轮任务合并后，总的完成工作时间被压缩成了5小时。按照一天8小时工作时间，那么不仅在一天内完成了之前需要加班才能完成的所有工作，而且可以气定神闲地去食堂吃顿中饭。

可见，实习生所面临的工作上的繁杂事情，只要通过合理的归并，设计优化的工作路径（顺序）就能大大提高工作效率。

小结

这一节，我们学习了如何利用结构化思维优化工作路径。先单列出所有的工作任务，并预估完成每项任务所需花费的时间；其次按照两个原则进行任务的合并，分别是合并可以同时完成的事情和合并可以顺路完成的事情，任务合并后，完成任务所需花费的时间将大大减少。

读者可以利用这节所学的优化工作路径方法，设计自己每天的工作任务，用你优异的表现打动你的上司吧。

作业 ✏️

这是一道小学生的数学题。不要不好意思。如果你能掌握好，并且能熟练运用在工作中，那便说明你掌握了本节内容。

妈妈早饭前要做很多家务：用15分钟烧水，用8分钟打扫房间，灌暖瓶要1分钟，用10分钟买早点，用7分钟煮牛奶。灶具上只有一个火眼，怎样安排才可以保证在最短时间内完成全部家务？最短时间是多少？

本章结束语

　　本章是我们本书的最后一章，我们用"5W2H"分析法策划了会议，根据时间顺序记录了会议的进程和要点，又根据任务合并两原则把实习生的多项任务优化了工作路径（顺序），大大减少了原先预估的工作时间，提高了工作效率。

　　完成本章学习后，你应该可以在职场上把结构化思维运用得得心应手，成为职场中的高效多面手，特此授予你"三头六臂"的称号。

附录：本书使用方法

本书可单独使用，也可与人邮学院中对应的慕课课程配合使用，为了读者更好地完成对结构化思维和思维导图的学习，建议结合人邮学院进行学习。

人邮学院（www.rymooc.com）是人民邮电出版社自主开发的在线教育慕课平台，该平台为学习者提供优质、海量的课程，课程结构严谨，学习者可以根据自身的学习程度，自主安排学习进度，并且平台具有完备的在线"学习、笔记、讨论、测验"功能。人邮学院为每一位学习者，提供完善的一站式学习服务（见图1）。

图1　人邮学院首页

现将本书与人邮学院的配套使用方法介绍如下。

1. 读者购买本书后，刮开粘贴在书封底上的刮刮卡，获取激活码（见图2）。

2. 登录人邮学院网站（www.rymooc.com），或扫描封面上的二维码，使用手机号码完成网站注册。

图2　激活码

3. 注册完成后，返回网站首页，单击页面右上角的"学习卡"选项（见图3），进入"学习卡"页面（见图4），输入激活码，即可获得该慕课课程的学习权限。

图3　单击"学习卡"选项

图4　在"学习卡"页面输入激活码

4. 获取权限后，读者可随时随地使用计算机、平板电脑以及手机进行学习。

5. 书中配套的PPT教学资源，读者也可在该课程的首页找到相应的下载链接。关于人邮学院平台使用的任何疑问，可登录人邮学院咨询在线客服，或致电：010 - 81055236。

结构思考力——用思维导图来规划你的学习与生活（慕课版）